Alexander J. Probst · … dein ist mein ganzes Herz!

ALEXANDER J. PROBST, geboren 1960 in Regensburg, betreibt seit vielen Jahren eine »Menschenschule für Hundebesitzer« und ist Leiter des Ausbildungszentrums des Internationalen Hunde Verbands.

Sein Buch ist Erziehungs- und Hunde-Lebenshilfe in einem und zeigt, dass liebevolle Erziehung mehr wert ist als alle hochgepriesenen, »neuen« Erziehungsmethoden zusammen. »Auch wir kochen nur mit Wasser« – so ist sein Leitspruch, »aber unser Wasser ist heißer ...«

Alexander J. Probst

… dein ist mein ganzes Herz!

Ein Buch über liebevolle und artgerechte Hundeerziehung,
das Leben mit dem Hund und den Abschied

FSC
www.fsc.org
MIX
Papier aus verantwortungsvollen Quellen
Paper from responsible sources
FSC® C105338

Satz und Layout: Buch&media GmbH, München
Umschlaggestaltung: Kay Fretwurst, Freienbrink
Umschlagbilder: Wolfgang Einberger
Herstellung u. Verlag: Books on Demand GmbH, Norderstedt
Printed in Germany
ISBN 978-3-8448-2012-6

Inhalt

Vorwort und Widmung

Ich danke meinem besten Lehrer, Freund und Seelenverwandten dafür, dass ich mit ihm fünf wundervolle Jahre verbringen durfte. Enriko war unsere erste Deutsche Dogge, die leider viel zu früh verstarb.

Von ihm durfte ich, der schon seit vielen, vielen Jahren eine Menschenschule für Hundebesitzer betreibt, die wichtigsten Lektionen in der Hundeerziehung lernen.

Mit ihm durfte ich, der glaubte, schon viele wunderbare Geschichten erlebt zu haben, die wunderbarsten Geschichten erleben.

Durch seinen Tod haben wir den schlimmsten Schmerz erfahren, den wir je hatten.

Das alles sollte nun wirklich genug Anlass sein, ihm ein Buch zu widmen, das uns Menschen helfen soll, den liebevollen und trotzdem konsequenten Erziehungsansatz zu finden, den wir auch bei unseren Menschenkindern anwenden sollten.

Im November 2011
Alexander J. Probst

1. Aufregung

Lange Zeit habe ich überlegt, ob ich dem ganzen Wust von Hundebüchern, die mittlerweile auf dem Markt sind, nun auch noch ein weiteres hinzufügen sollte. Viele meiner Kurs- und Seminarteilnehmer jedoch sind der Ansicht, ich hätte das gefälligst zu tun, damit sie meine Weisheiten nicht ständig selbst aufschreiben müssten, sondern einfach nachlesen könnten.

Damit begann die Aufregung bei mir: Wie packe ich es an? Soll ich einfach Erziehungstipp für Erziehungstipp aneinanderreihen? Wird es ein Ratgeber für jedermann sein? Oder mehr ein Roman mit Informationsgehalt für ganz spezielle Menschen?

Nun – ich habe mich dafür entschieden, das Ganze etwas anders anzugehen: Ich schreibe kein Buch über den Hund und seine Erziehung, nein, ich schreibe ein Buch für Menschen, die lernen wollen, einen Hund zu lieben und mit ihm einen Teil ihres Lebens zu verbringen. Ein Buch, das hervorragend in die Menschenschule für Hundebesitzer passt.

Ich werde dabei auf viele eigene Erfahrungen zurückgreifen, die ich dann auch genau so niederschreiben werde, wie sie einst passiert sind, und ich werde Erfahrungen zitieren, die ich mit und bei anderen Menschen und Hunden gemacht habe. Diese allerdings werde ich in Namen und Örtlichkeit so verfremden, dass sie im Informationsgehalt zwar genau stimmen, aber man die Personen und/oder ihre Hunde nicht erkennt. Und ich werde immer wieder von Lesern, Trainern und Ausbildern sprechen und bitte Sie darum zu verstehen, dass ich nur eine Ausdrucksform wähle, ohne meine femininen Leser in ihrer Eigenständigkeit verletzten zu wollen – es ist halt nur einfacher.

Tja, und so ist nun ein Buch entstanden, das sich mit der Liebe zum Hund, der trotzdem notwendigen Erziehung desselben und dem Verhalten des Menschen befasst.

Ihnen, lieber Leser, wünsche ich viel Freude beim Lesen dieser Seiten!

1.1 Wie entscheidet man sich für welchen Hund?

Im Fernsehen sieht man durch Zufall einen Hund, der in der Lage ist, Spielzeuge zu unterscheiden und sogar nach dem Ausschlussverfahren ein noch unbekanntes Spielzeug erkennt und apportiert. Die Familie ist begeistert, und man überlegt sich, ob genau das der richtige Hund sei …

Ein hündischer Kommissar erbringt Leistungen, die sein Herrchen weit hinter ihm lassen …

Schwarze Punkte auf weißem Fell, dazu noch in hundertfacher Ausfertigung, sind so extrem süß, das muss man einfach haben …

Groß und mächtig springt die Bordeaux-Dogge durch das Haus; welche Freude …

So oder so ähnlich begann der qualvolle Abstieg der ein oder anderen Rasse hier bei uns in Deutschland. Warum Abstieg? Ganz einfach: Plötzlich ist eine Rasse modern und natürlich will nun jeder zweite, der in Betracht zieht, einen Hund haben zu wollen, genau einen Vertreter dieser oder jener Rasse erwerben. Natürlich entstehen hier Zuchtengpässe, die dazu führen, dass nicht mehr auf eine qualitativ hochwertige Zucht geachtet wird, sondern dass man das schnelle Geld, das die Zeit gerade anbietet, mitnimmt.

Das bedeutet aber halt auch, dass Hunde zur Zucht eingesetzt werden, die unter normalen Umständen nicht dafür in Frage gekommen wären.

Die letztendlich darunter Leidenden sind nicht nur die Hundefreunde, die dann kranke Hunde pflegen oder euthanasieren lassen müssen, sondern vor allem die armen Hunde selbst, die sich ihr Leben so ganz bestimmt nicht ausgesucht haben.

Und so ist es die wichtigste Entscheidung überhaupt, festzulegen, welchen Hund man haben will. Ich stelle Ihnen nun ein paar Fragen, die Sie für sich beantworten können, um zumindest bestimmte Hunderassen auszuschließen.

a) **Wie viele Schafe haben Sie? Keines?**
Na, dann sind Hütehunde, wie z.B. Border Collies oder Australian Shepherds nicht so ganz geeignet. Denn, um schon dem jungen Hund die Knochen mit Sportarten wie Agility zu ruinieren, braucht es keinen Hund, der selektiv zum Hüten gezüchtet wurde.

b) **Wie oft gehen Sie zur Jagd? Niemals, weil ich kein Jäger bin!**
Aha – und was bitte schön machen sie dann mit einem Weimaraner, Magyar Viszla oder Jagdterrier? Gut, man kann ihm das so beliebte Strom-Halsband umschnal-

len, um zu verhindern, dass er sich zum Jagen entfernt – allerdings hat man Jahrhunderte gebraucht, um die Hunde jagdlich so weit zu bringen, wie sie heute sind.

c) **Wie groß ist der Anteil Ihrer Herden, der unbeaufsichtigt vom Menschen auf der Weide lebt? Ach, ich habe doch keine Herde(n)!**
Oh, dann frage ich mich, was Sie mit einem Herdenschutzhund, wie dem Kangal oder Kuvasz, bei uns so treiben. Zum Dogdancing sind diese Rassen ausnahmslos nicht geeignet!

d) **Wie groß ist der umzäunte Auslauf für Ihren Hund? Na ja, ich habe einen Gartenanteil und das Tor dazu steht offen.**
Ach so – und wieso wollen Sie sich dann für einen Windhund entscheiden, der laufen *m u s s* und dabei keine Rücksicht auf Ihren Wunsch nimmt, das eigene Terrain nicht zu verlassen?

e) **Wie groß ist Ihre Wohnung? Ich lebe in der Stadt in einer Zwei-Zimmer-Wohnung mit schönem Ausblick aus dem neunten Stock!**
Ah ja, und genau deshalb haben Sie sich also für die Deutsche Dogge oder den Irish Wolfhound entschieden?

f) **Wie groß wird der Hund voraussichtlich werden? 80 – 90 Zentimeter Widerrist und 75 Kilo schwer!**
Beachten Sie: Sie sollten immer in der Lage sein, Ihren Hund zu tragen! Als Single-Dame mit 50 Kilogramm Gewicht wäre ein Vertreter der Groß- oder Riesenrassen alleine deshalb nicht geeignet; stellen Sie sich vor, Ihr Hund bricht aus irgend einem Grund zusammen und Sie können ihn nicht mal ins Auto heben …

Alleine diese sechs Fragen sollen Ihnen schon den Blick daraufhin öffnen, was denn wirklich wichtig ist, wenn Sie vor dem Rätsel »Hunderasse« sitzen. Nutzen Sie also die neuen Medien, um sich ausreichend zu informieren. Ich meine damit, dass Sie sich die Standards der einzelnen Rassen, die Ihnen gefallen, zu Gemüte führen sollen, dass sie Kontakt mit einigen Züchtern aufnehmen und Ihre Auswahl genau überdenken sollen.

Weniger hilfreich sind die Aussagen von irgendwelchen Mitgliedern in Hundeforen, denn diese sind immer rein subjektiv geprägt und damit kontraproduktiv.

Wenn Sie sich nun für eine der rund 340 von der FCI (Fédération Cynologique Internationale = kynologischer Weltverband) anerkannten oder noch weiteren in der Anerkennung begriffenen Rassen entschieden haben, dann erfolgt die Züchterauswahl. Und hier kann es schwierig werden – jeder Züchter hat die besten Welpen. Damit Sie herausfinden, ob es für SIE der richtige Züchter ist, fragen Sie einfach ganz, ganz viel nach!

Erkundigen Sie sich nach den Elterntieren, fragen Sie, ob Sie diese (beide) sehen können, fahren Sie am besten einmal (unangemeldet) hin, um festzustellen, ob es wirklich stimmt, dass die Kleinen im Haus aufwachsen und nicht im Stall vor sich hinvegetieren. Prüfen Sie so auch, ob es wirklich ein Züchter genau dieser Rasse ist und nicht ein »Vermehrer«, der ausschließlich aus Profitgier fünf oder mehr verschiedene Rassen »züchtet«.

Vor allem sollten Sie auf eines achten:

Kaufen Sie NIEMALS einen Welpen auf einem Markt; hier wird an Ihr gutes Herz appelliert und man macht es Ihnen auch noch »extra billig«.

Was Sie nicht wissen: die Hündinnen, die diese Welpen geworfen haben, sind Zuchtmaschinen, die ausgebeutet und weggeworfen werden, wenn sie kein Geld mehr erwirtschaften, die Welpen, die Sie kaufen, sind (auch wenn es Ihnen anders bestätigt wird) niemals geimpft und/oder entwurmt und meistens schon sehr krank, und Papiere erhalten Sie dafür nicht oder wenn doch, dann gefälscht.

»Ja«, sagen Sie, »Papiere brauche ich doch eh nicht und wenn ich anstatt 1200 nur 200 Euro bezahle, dann ist das doch gut für mich und dem armen Tier ist auch geholfen!«

Hierzu lässt sich nur sagen: Durch diese »Geiz ist geil«-Mentalität erleiden viele Hunde unerträgliche Qualen und die Händler lachen sich ins Fäustchen.

Natürlich brauchen Sie Papiere, denn es ist wichtig, nachvollziehen zu können, wo Ihr Hund herkommt, in welchem Verband er gezüchtet wurde, wie dort die Zuchtbuchbestimmungen sind und wie dort auf gesunde Zucht geachtet wird!

Und nur, wenn Sie beim seriösen Züchter kaufen, legen sie den Gaunern, die die Ware »Hund« auf der Landstraße verscherbeln, das Handwerk!

Und nur, wenn Sie für Ihren Hund auch Geld ausgeben, wissen Sie, was er wert ist! Oder kennen sie den alten Spruch nicht, »Was nichts kostet, ist nichts wert!«?

Oft bekomme ich dann zur Antwort: »Ich habe doch nicht so viel Geld, um diesen Hund zu kaufen!« – dazu sage ich nur: sparen, sparen, sparen oder halt dann ein Tierheim aufsuchen und sich dort um einen Hund bemühen.

Vergessen Sie aber eines dabei nicht: Egal ob vom Züchter oder aus dem Tierheim; mit dem Erwerb des Hundes haben Sie auch Verantwortung übernommen; Verantwortung für Gesundheit, Ernährung und Wohlergehen! Verantwortung für Leib und Leben eines Tieres, das Ihnen auf Gedeih und Verderb ausgeliefert ist!

Um dieser Verantwortung gerecht zu werden, werden Sie immer wieder Geld in die Hand nehmen müssen!

Beispiele:

Eine Wurmkur kostet je nach Hundegröße bis zu 70 Euro und entwurmen sollten Sie in jedem Fall alle drei Monate.

Ein durchschnittlicher Tierarztbesuch wegen Durchfall, Erbrechen etc. liegt bei 50 Euro.

Operationen kosten 4000 Euro und mehr!

Eine Haftpflichtversicherung ist für JEDEN Hund, egal wie groß oder klein er ist, Pflicht!

Ernährung kostet Geld!

Ich will damit nur sagen: Wenn Sie die Anschaffungskosten nicht für den Hund aufbringen, wie wollen Sie dann ein Leben lang für ihn sorgen? Irgendwann wird auch er alt und vielleicht pflegebedürftig!

Insgesamt soll es eine wohlüberlegte Aktion sein, wenn Sie sich der großen Gemeinde der Hundeliebhaber anschließen wollen, und gerne helfe ich Ihnen dabei mit diesem Buch.

1.2 Kommen wir zum Hund oder er zu uns?

Wir haben die Erfahrung gemacht, dass sehr oft nicht wir zum Hund kommen, sondern der Hund auf wundersame Weise zu uns. Wenn Sie das Glück haben, dass so etwas geschieht, dann nehmen Sie dieses Geschenk dankend an!

Ein Beispiel aus meinem eigenen Leben soll Ihnen das verdeutlichen:

Vor langer Zeit, kurz bevor ich meine eigene Hundeschule eröffnete, war ich einige Zeit »hundelos« gewesen.

Was war zu tun? Zeitungsanzeigen lesen, telefonieren (Internet gab es damals noch nicht ...), Leute befragen, ja und dann telefonisch einen Besuch bei der Tierhilfe in Kelheim[1] vereinbaren und sich mit Frau P., einer der verantwortlichen Damen für die Hundevermittlung, an einem Außenstandort bei einem der freundlicherweise von einer Firma zur Verfügung gestellten Zwinger treffen.

[1] Tierhilfe 93309 Kelheim

Ich kam nachmittags um zwei an diesem Zwinger an, stieg aus und öffnete die Heckklappe des Kombis, denn ich hatte für die Hunde Futter, Halsbänder und Leinen gekauft, um so die Tierhilfe-Kasse etwas zu entlasten. Nachdem ich meine Geschenke aus dem Wagen geladen hatte, blieb die Kofferraumtüre geöffnet, und ich trug meine Pakete Richtung Zwinger, der etwa 15 m von meinem Parkplatz weg war. Frau P. wartete schon an den Zwingertüren auf mich und mit ihr hinter Gittern drei Hunde. Zwei davon waren zusammen in einer Box und einer war alleine. Es dauerte nur Sekunden, und ich wusste, warum das genau so war …

Als ich mich näherte, sprang der einzelne Hund, dunkelgrau und ca. 30 Kilo schwer, aber schrecklich dünn, am Zwingergitter hoch, verbiss sich im Gitter auf etwa 1,80 m Höhe und brachte es fertig, währenddessen auch noch so zu knurren, zu bellen und die Lefzen hochzuziehen, dass einem dabei Angst und Bange wurde. Trotzdem war es der einzige, der mich faszinierte, denn aus seinen Augen kam nichts Böses.

Also bat ich Frau P., den Zwinger zu öffnen, um den Hund – er hieß »Blacky«, so viel wusste ich nun schon – herauszulassen. Frau P. war nicht ganz von der Richtigkeit dieser Maßnahme überzeugt und weigerte sich standhaft, den Riegel zurückzuziehen, bis es mir mit Engelsgeduld gelang, ihr zu versichern, dass ich wüsste, was ich tue, und nicht nur keine Angst vor dem Hund hätte, sondern eigentlich genau diesen Hund haben wollte.

Also gut, sie öffnete endlich die Tür und in dem Moment ließ sich Blacky herunterfallen, raste an Frau P. und mir stumm, aber mit einer gewaltigen Geschwindigkeit vorbei, um sich mit einem wohlüberlegten Sprung auf die Ladefläche meines Kombis zu begeben, dort abzulegen, zusammenzurollen und dann – man glaubt es kaum – sofort einzuschlafen!

Was hätten Sie an meiner Stelle getan? Genau – das tat ich auch …

Eine halbe Stunde später stand dieses Monster (er war wirklich eines; aber niemals zu mir) von Kopf bis Fuß eingeschäumt bei mir in der Badewanne und ließ sich ordentlich waschen und anschließend sogar föhnen und wiegen!

Ich war ziemlich erstaunt: Vor mir stand ein staksiger, etwa zwei- bis vierjähriger, nun kohlrabenschwarzer Hund mit 27 Kilo Gewicht. Aus seinen Augen strahlte die pure Dankbarkeit, und er folgte mir in das Wohnzimmer, wo er sich auf meinen Füßen niederließ, um sagenhafte sieben(!) Stunden durchzuschlafen, während derer ich mich dann ganz leise schleichend auch mal wegbewegen konnte.

Ich hatte einen neuen Freund gefunden.

Das hört sich doch mal richtig toll an, oder? Ja, das war es auch – allerdings steckte in dem ganzen Unterfangen noch so viel Arbeit, wie ich es mir nie hätte erträumen lassen.

Denn schlussendlich dauerte es sagenhafte vier Jahre, bis ich Blacky ohne Leine auch unter Ablenkung laufen lassen konnte!

Dies sei ein kleiner Hinweis für alle diejenigen, die glauben, Hundeerziehung sei eine kurzfristige Angelegenheit. Das kann es sein – muss es aber nicht ... Blacky kam aus schlimmen, zerrütteten Verhältnissen; die Kinder der Familie, bei der er vorher war, hatten ihm den Schwanz gebrochen, er war geschlagen worden und er hatte nichts erlebt, sodass er alles, was neu war, als Bedrohung empfand und dementsprechend reagierte. Er hasste einfach zuerst einmal ALLES:

- alte Menschen, die sich vorsichtig bewegten
- Menschen mit Krücken und besonders mit Stöcken
- Menschen mit Rollatoren
- Menschen in Uniform
- Kinder sowieso

Dementsprechend war es auch schwer, mit ihm an der Leine durch die Stadt zu gehen. Aber auf der anderen Seite war er ein äußerst liebenswerter Kerl und ein großartiger Beschützer für meine Frau, die er mindestens so sehr liebte, wie mich. Obwohl er auch einen massiven Schutzinstinkt hatte, meine ich mit Beschützer in diesem Falle aber einen hervorragenden Seelentröster und Aufpasser für den Fall, dass es einem psychisch oder physisch schlecht ging: Er war sofort da und spürte über mehrere Räume hinweg, wenn man überraschend mal nicht so ganz auf der Höhe war. Man merkte, dass er sich kümmerte, und das war ein wundervolles Gefühl!

Wir werden später noch im Erziehungsteil des Buches von ihm hören, denn es gibt einiges zu berichten, was den ungeduldigen Hundeerziehern unter den Lesern sicher ein Trost sein wird!

So kann es also sein, dass ein Hund zu uns kommt und nicht wir zu ihm.

Im Folgenden lesen wir über die Ankunft des Welpen in unserem Haus – und selbst da kann es sein, dass so ein kleiner Racker nicht ausgesucht wird, sondern sich uns aussucht.

2. Achtung – Welpe kommt!

Tja, nun ist es also so weit, Sie haben sich entschieden, beim Züchter Ihrer Wahl einen Welpen zu erwerben. So weit – so gut. Nun aber heißt es erst einmal, Vorbereitungen zu treffen. Ihr Leben wird sich von Grund auf ändern. Das glauben Sie mir nicht?

Sie können es mir ruhig glauben, denn wenn Sie ein verantwortungsvoller Mensch sind, der weiß, was er tut (und manchmal auch, was er sich antut), dann werden Sie alle Vorbereitungen treffen, die notwendig sind, dem kleinen Neuling in Ihrer Familie das Leben lebenswert zu gestalten.

2.1 Neustart der Familie

Neu wird das Leben nicht nur für Sie und/oder Ihre Familie, sondern auch für den kleinen Hund, der bei Ihnen einziehen soll.

Das bedeutet, dass man einige Gewohnheiten über Bord werfen kann (was oftmals gar nicht so übel ist) und dass man sich einige neue Dinge angewöhnen muss (was oftmals ziemlich übel ist).

Als Beispiel sei hier nur mal die Stubenreinheit erwähnt: Wenn Sie es gewohnt sind, durchzuschlafen, dann können Sie diese Gewohnheit nun über Bord werfen und sich angewöhnen, auch nachts alle zwei Stunden aufzustehen und den kleinen Racker, der neuerdings bei Ihnen wohnt, rauszulassen, damit er pinkeln kann.

Doch im Endeffekt ist alles gar nicht so schlimm, wie man meinen könnte. Neue Dinge werden schnell zur Routine, und wenn Sie die Vorschläge aus diesem Buch beherzigen, dann können Sie sehr viel Freude an Ihrem Hund haben.

Das Allerwichtigste überhaupt ist Folgendes:

Vereinbaren Sie mit allen Familienmitgliedern, dass Sie an einem Strang ziehen werden; das heißt, Sie werden alle den gleichen Wortschatz im Umgang mit dem Hund verwenden, Sie werden die gleichen Konsequenzen ziehen, Sie werden niemals gegenseitig die Autorität untergraben! Nur so sind Sie in der Lage, dem

Hund ein Lebensgerüst aufzubauen, auf das er sich verlassen kann; ein Korsett anzuziehen, das ihn nicht einengt, aber ihm Haltung verleiht.

Und schon im Babyalter gilt das 3-Säulen-System der Hundeerziehung, das ich entwickelt habe und das sich durch das ganze Leben des Hundes zieht wie ein roter Faden.

Die drei Säulen der Hundeerziehung sind:

- Konsequenz
- soziale Intelligenz
- Gerechtigkeit

Konsequenz bedeutet für uns Menschen meist etwas »Schlechtes«. Oder woran denken Sie, wenn Ihr Chef zu Ihnen sagt: »Das wird Konsequenzen haben!« …

Konsequenz in der Hundeerziehung meint aber, dass Sie bestimmten Dingen immer eine bestimmte Handlung oder Haltung folgen lassen – und das soll weiß Gott nicht schlecht, sondern positiv behaftet sein!

Wenn Ihr Hund etwas Gutes macht, dann ist es doch konsequent, ihn dafür auch zu belohnen, oder?

Sozial intelligent handeln sollen Sie, damit Ihr Hund Sie schätzen lernt. Ja, Sie haben richtig gelesen, er soll Sie schätzen lernen. Wenn Sie sich so verhalten, dass er zu Ihnen nicht mit Kadavergehorsam aufschaut, sondern mitdenkend mit Ihnen arbeitet, dann haben Sie schon viel gewonnen. Im Einzelnen heißt das, dass Sie sich nicht wie ein Alleinherrscher benehmen, sondern darüber nachdenken, welche Konsequenzen Ihr Verhalten auf den Hund hat.

Gerecht sein heißt nicht, dass Sie dem Hund jedes Mal, wenn sie etwas essen, auch etwas geben müssen. Es heißt ganz einfach: Seien Sie nicht launisch! Denn Launenhaftigkeit führt zu Ungerechtigkeit. Nur weil wir in der Arbeit ein Problem haben, muss der Hund nicht drunter leiden! Hunde sind auch nicht launisch – Gott sei Dank!

2.2 Erste gemeinsame Schritte

Was ist zu tun, wenn man den kleinen Räuber nun ins Haus holt? Vergessen Sie nicht, dass Sie zwar einen neuen Gefährten haben, der Hund jedoch von seiner »Familie«, Mutter, Vater und Geschwistern getrennt ist. Er sollte nun acht Wochen (Riesenrassen: zwölf) alt sein, und damit ist er halt noch ein Baby – behandeln Sie ihn auch so! Wie oft sehe ich Menschen, die so einen kleinen Hund wie einen erwachsenen Menschen mit Fell behandeln! Das ist der falsche Weg; gehen Sie mit Ihrem Hund nun so um, wie Sie es auch mit einem menschlichen Baby täten: liebevoll!

So mancher mag mir erzählen, es wäre schon ein Unterschied zwischen Mensch und Hund und ich würde Hunde vermenschlichen, und wenn ich sage, Hunde haben eine Seele, dann lacht man schon mal. Zumal in der Wissenschaft noch oft Dinge herumgeistern, die mich anthropomorph erscheinen lassen – nun gut –, für Menschen dieser Denkart ist mein Buch nicht geschrieben und die Art meiner Hundeerziehung nicht geeignet.

Liebevoll und artgerecht – das sind die Zauberworte in der Hundeerziehung! Was glauben Sie, wie liebevoll Hunde- und auch Wolfseltern mit ihren Jungen umgehen? Und wie artgerecht erst …

Spaß beiseite – wir müssen uns bemühen, dem kleinen Hund ein Zuhause zu geben, in dem er den Trennungsschmerz von seiner Familie verkraften kann und wo er spürt, dass man auf ihn achtet und seine Bedürfnisse ernst nimmt. Ein Zuhause, in dem man ihm etwas zu fressen gibt, was gesund ist und was er mag – nicht nur irgendeine Nahrung, die ihn am Leben erhält! Zu diesem Zuhause gehört es aber auch, nicht alleine zu sein! Ein Hund gehört nicht in einen Zwinger, er muss auch nicht alleine schlafen. Er braucht nicht zu uns ins Bett, aber die Möglichkeit, dass er bei uns im Schlafzimmer schläft, sollte er schon haben.

Wer aus hygienischen Gründen sagt: »Der Hund kommt mir aber nicht ins Schlafzimmer!«, der sollte mal von einem Bakteriologen seine Schuhsohlen untersuchen lassen und anschließend das Fell seines Hundes: Überraschung vorprogrammiert! Wer aus anderen unverständlichen Gründen den Hund nicht bei sich haben will, der vergisst, dass die Separation einen Hundes eine wahnsinnige Strafe ist – und damit sollte sich derjenige lieber ein Porzellan- oder Stofftier zulegen; das kostet dann keine Liebe und auch keinen Unterhalt!

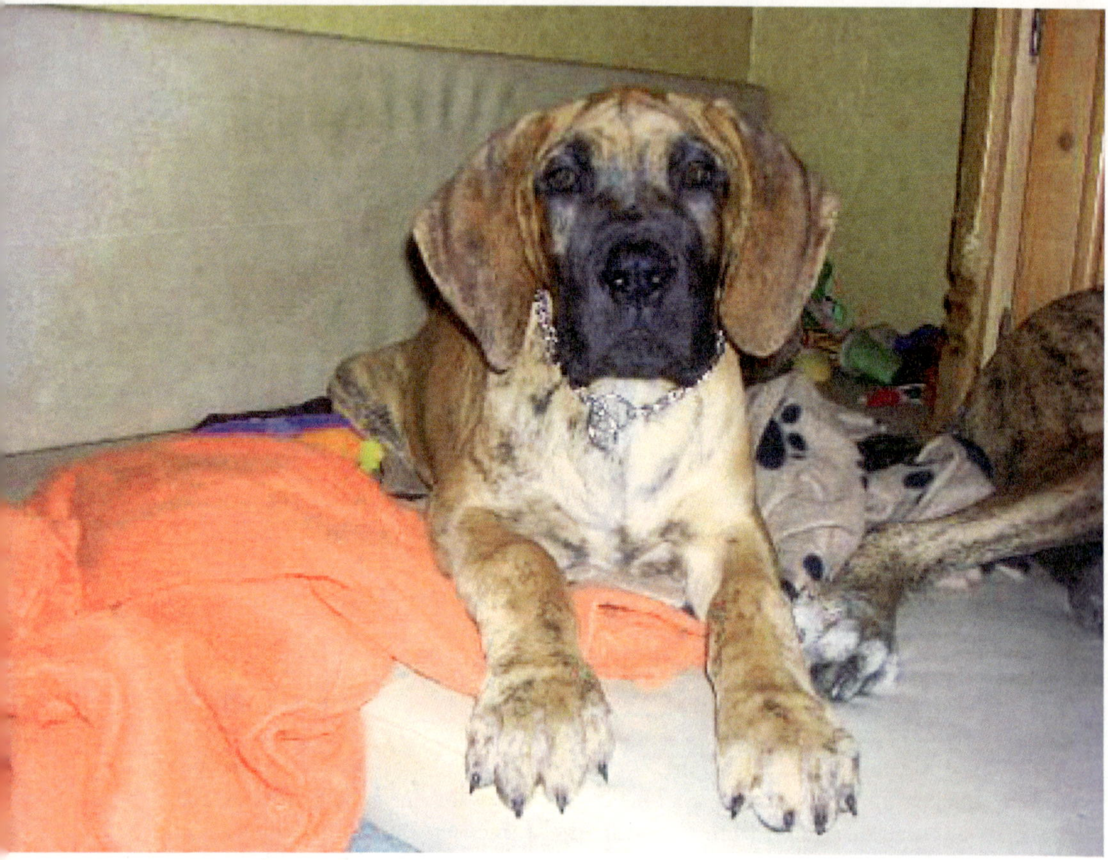

Mittwoch, 21. Dezember 2005

Wir kommen aus Achim bei Bremen und haben zwei Hunde in unserem Auto: Blacky, mittlerweile elfeinhalb Jahre alt und Enriko, unsere erste Deutsche Dogge mit zwölf Wochen. Es zeichnet sich schon auf der Fahrt ab, dass er ein »Mama-Hund« wird; er sitzt siebenhundert Kilometer auf dem Schoß meiner Frau Manuela, Manu genannt, und lässt es sich gut gehen.

Zu Hause angekommen, heißt es für beide Hunde: endlich raus aus dem Auto! Wir halten am Main-Donau-Kanal, und während sich Blacky nach drei Tagen Absenz sofort darüber hermacht, seine bekannten Plätze zu markieren, ist Enriko noch etwas überfordert mit der neuen Situation. Wir gehen los, und wie ein kleiner Bär tapst er uns hinterher und nach einigen Minuten traut er sich auch mal, sich hinzusetzen und Pipi zu machen.

Es ist kalt, und damit er nicht friert, nehme ich 16 Kilo Deutsche Dogge unter meine Jacke und warte, bis Blacky mit seinen Geschäften fertig ist. Eine Leine haben wir bis jetzt nicht gebraucht.

Samstag, 24. Dezember 2005

Heiligabend – zwei Grad und schmuddelig regnerisch. Die Hunde waren schon draußen. Unser Weihnachtsessen hat hervorragend gemundet. Manuela hat für Ihre Eltern, meine beiden Söhne und mich gekocht und hat ein wundervolles Dessert in Vorbereitung: feinste Crêpes mit einem besonderen Teig, der einige Stunden ruhen muss, bevor er verarbeitet werden kann. Zu diesem Zweck steht nun dieser Teig (knapp 2 Liter) in einer Schüssel zugedeckt am Boden in einem kühlen Raum.

Während wir am Tisch noch ein Schlückchen trinken und uns auf das Dessert freuen, wird Manu ahnungsvoll plötzlich blass und fragt nur: »Hat jemand Enriko gesehen???«, und will aufspringen und loseilen, da kommt ein kleines, braunes Etwas zur Tür hereingewackelt, das Schnäuzchen gänzlich weiß und mit einem Bauch, der kurz vor dem Platzen ist. Das Gelächter haben wir heute noch in den Ohren und der Kleine hatte das Ganze sehr gut verdaut – der Teig kam ohne Probleme hinten so heraus, wie er vorne hineinkam. Wir allerdings hatten dieses Mal kein Dessert, Enriko hatte die ganze(!) Schüssel ausgeschlabbert.

Nun ahnen Sie es schon: Die Welpenzeit besteht bei Betrachtung mit Abstand nur aus wundervollen Anekdoten. Und glauben Sie mir: Nach einer gewissen Zeit können Sie sogar drüber lachen, wie Ihr neuer Freund zu einer bestimmten Situation in die Wohnung gemacht hat.

2.3 Stubenreinheit

Hunde, die Sie von einem guten Züchter im richtigen Alter bekommen haben, sind stubenrein. Die Elterntiere, hier besonders die Mutter, haben den Kleinen schon beigebracht, dass sowohl für Urin- als auch für Kotabsatz ein Platz außerhalb der Lagerstätte verwendet wird. Jetzt, da SIE die Verpflichtung der Elterntiere übernommen haben, sind sie auch verantwortlich dafür, dass der Welpe dazu auch die

Möglichkeiten hat. Wie vorher schon beschrieben, ist es unabdingbar, Welpen mindestens alle zwei Stunden hinauszulassen, auf jeden Fall aber nach dem Fressen und nach dem Schlafen.

Spätestens zu diesem Zeitpunkt könnte es sein, dass Sie in den typischen Fehler vieler unerfahrener »Hundeeltern« verfallen, nämlich den Welpen für ein erfolgreiches »Geschäft« zu loben. Die Aufforderung, das zu tun, finden sie noch immer in so manchem, längst überholten Hundebuch. Die Wahrheit ist: Ein Lob für diese gottgegebene Tätigkeit wirkt kontraproduktiv und ist zudem in der Natur auch nicht vorgesehen. Oder haben sie schon mal eine Hundemama gesehen, die die Kleinen mit ganz besonderem Verhalten nach erfolgtem Kotabsatz belohnt?

Der Einwand, den man mir an dieser Stelle am häufigsten entgegnet, lautet: »Aber ich muss ihn doch belohnen, weil er so schön *draußen* sein Geschäft verrichtet.«

Das allerdings ist ein Trugschluss! Der Hund verbindet sein aktuelles Verhalten nicht mit der *Örtlichkeit*, sondern mit der *Tätigkeit.* Wenn Sie ihn nun loben, dann ist das für den Hund eine Belohnung für das »Pipi- oder Häufchen machen« und nicht für das »draußen«! Eine Stunde später ist ihrem Hund danach, mal wieder ein Lob und/oder ein Leckerli zu bekommen, und er setzt sich ins Wohnzimmer und pinkelt auf den Perserteppich, was bei ihnen allerdings keine Freude, sondern eher Ärger auslöst, wo sie ihm doch so schön beigebracht haben, alles *draußen* zu machen. Wenn wir Menschen ärgerlich sind, beginnen wir zu schimpfen – und genau das tun Sie jetzt. Der Hund hört mit seiner Tätigkeit auf, zieht die Rute ein und sich selbst zurück, was Sie mit den Worten kommentieren: »Er weiß genau, dass er das nicht darf. Man sieht es ihm an, wie schuldbewusst er nun ist.«

Hierzu sind drei Dinge zu sagen:

1. Ihr Hund hat ein Leckerli oder zumindest ein Lob erwartet – bekommen hat er Ärger.
2. Ihr Hund wird sich das merken und folgendermaßen verknüpfen: Es gibt Lob/Leckerli für das »Geschäft«, wenn allerdings Frauchen/Herrchen in der Nähe sind, bekomme ich dafür geschimpft. Also werde ich in Zukunft mein Geschäft hinter dem Sofa, unter dem Tisch, hinter der Türe etc. verrichten und dann wohl wieder ein Leckerli bekommen.
3. Ihr Hund ist nicht »schuldbewusst«! Ihr verändertes Verhalten, ihre Körpersprache, ihre Lautstärke veranlassen den Hund, beschwichtigend zu reagieren. Für ihn ist es unerklärlich, weshalb sie aggressiv reagieren. Lösen sie sich schon jetzt, wo ihr Hund noch im Welpenalter ist, davon, zu glauben, ihr Hund würde ihnen »absichtlich« etwas antun. Dies wird in seinem ganzen

Leben nie passieren! Es ist nur Fehlinterpretation/-verhalten Ihrerseits, das eine adäquate Reaktion auf Hundeseite auslöst.

Loben Sie also ihren Hund nicht, wenn er draußen sein Geschäft macht, sondern nehmen Sie es hin. Schimpfen Sie ihren Hund nicht, wenn er es drinnen tut, sondern heben Sie ihn hoch und tragen Sie ihn nach draußen, auch wenn »es« schon passiert ist. Schnell wird sich Ihr Hund wieder daran erinnern, dass es bei »Mama« nicht anders war.

Und wenn wir ganz ehrlich sind: Missgeschicke passieren nur, weil WIR wieder einmal nicht aufgepasst haben!

2.4 Der Silvesterabend vor 14.000 Jahren

Wie wir alle wissen, stammt der Hund vom Wolf ab. Der genetische Unterschied beträgt gerade einmal 0,2 Prozent![2]

Eine erste genetische Veränderung von Wölfen wird sogar schon auf die Zeit vor ca. 135.000 Jahren geschätzt. Vor etwa 14.000 Jahren erfolgte dann eine weitere genetische Veränderung und die Entwicklung des Wolfes zum Haushund. Sie dürfen sich das allerdings nicht so vorstellen, dass am Silvesterabend vor 14.000 Jahren die Wölfe entschieden haben, sich nun in den Hund zu verändern und beim Menschen zu leben. Diese Veränderung erfolgte über eine lange Zeit und war begleitet von einer anhaltenden Selektion der Eigenschaften des Wolfes/Hundes.

Lange also ließen sich Wolf und Hund für ihre Entwicklung Zeit; erst in den letzten, kurzen, mehreren Hundert Jahren, veränderte der Mensch durch die Zucht den Hund nach seinen Vorstellungen.

Trotzdem trägt, genetisch gesehen, ihr kleiner Liebling 99,8 Prozent der genetischen Grundlagen eines Wolfes in sich. Vergessen Sie das nie, solange Sie mit ihm zusammenleben!

[2] Multiple and Ancient Origins of the Domestic Dog, erschienen in Science, The American Association for the Advancement of Science (AAAS), 13. Juni 1997, www.sciencemag.org

3. Welpenschule – Welpenspiel

Ich bezeichne das Ganze am liebsten als Welpengruppe. Schule und Spiel sind hier gleichermaßen vereint, und so soll es auch sein. Das Verhältnis beträgt bei mir etwa 3:7, das heißt in der Stunde gesamt 18 Minuten Schule, 42 Minuten Spiel.

Der Besuch einer Welpengruppe ist ein absolutes MUSS! Während in früherer Zeit auf dem Dorf die Hunde miteinander aufwuchsen, sind sie heute meist alleine. Da es aber Rudeltiere sind, sollten wir so fair sein, ihnen auch ein wenig von der sozialen Struktur zu geben, die sie brauchen.

Sie als Leser werden merken, dass ich in diesem Buch auch so manche Märchen ausräume, die man Ihnen immer und immer wieder erzählt, die aber halt überhaupt nicht stimmen und nur dazu gedient haben, dem ein oder anderen Spezialisten Gehör zu verschaffen oder eine »neue Methode« zu zeigen.

Eines dieser Märchen handelt von der guten Sozialisierung: Wenn Welpen miteinander aufwachsen, dann sind sie gut sozialisiert und Sie brauchen später keine Angst zu haben, dass sich Ihr Hund mit anderen nicht verträgt. Pustekuchen!

Natürlich ist es schön, wenn sich Hunde untereinander verstehen, – aber wie es halt auch bei uns Menschen ist, es mag nicht immer jeder jeden – da hilft auch die beste Sozialisierung nicht. Mehr darüber im Kapitel fünf.

Wichtig ist auch zu wissen, dass ein Welpe nur eine begrenzte Zeit an der Leine spazieren gehen darf. »Erzwungenes« Gehen (eben an der Leine) schädigt den Knochenbau und sollte deshalb nach folgender Regel erfolgen: je Lebenswoche eine Minute am Tag. Freilauf ist natürlich länger gestattet. Ebenso verhält es sich mit dem Treppensteigen: Die Belastung auf den jungen Hüften und Schultern ist sehr groß und sollte vermieden werden. Das heißt nicht, dass der Welpe gar keine Treppen steigen darf (er muss es ja lernen), sondern dass man es vermeiden sollte, wenn er es dauernd machen müsste (z.B. in einem Haus mit mehreren Treppen). Da ist es besser, ihn zu tragen, solange sein Gewicht es zulässt.

Warum aber ist die Welpengruppe ein MUSS?

Nun, es geht dabei nicht ausschließlich darum, mit anderen Hunden klarzukommen, sondern auch Dinge zu lernen, die später einmal den Alltag eines Hundes begleiten, die ihm Angst machen würden, wenn er sie nicht kennen würde, Dinge die ihm aber auch vieles erleichtern.

3.1 Wer lernt von wem?

Eine gute Welpengruppe trennt nicht. Das bedeutet, Sie finden dort verschiedene Rassen, verschiedene Größen und verschiedene Altersstufen. Nun liegt es am Trainer, das alles unter einen Hut zu bringen. Mit acht Welpen sollte ein erfahrener Ausbilder schon noch klarkommen – dies geht aber nur, wenn er auch die Besitzer der kleinen Racker miteinbezieht. Das heißt: Jeder passt auf jeden Hund und auf jeden Menschen auf – eingreifen jedoch darf ausschließlich der Trainer. Warum? Ganz einfach: weil sonst jeder immer nur seinen Welpen beschützen und sichern möchte, auch wenn das gar nicht im Sinne des Hundes ist. Es kursiert ja immer die große Panik vor Mobbing, die aber in 90 Prozent der Fälle unbegründet ist; und in den 10 Prozent, die wirklich stattfinden, ist es sinnvoll, wenn der Trainer eingreift; sein geschultes Auge erkennt, wenn es so weit ist.

Um nun erste Erfahrungen machen zu können, ist es wichtig, dass, wie oben erwähnt, gemischt wird. Verschiedene Rassen haben bestimmte Eigenarten, auch im Aussehen, die es anderen Hunden nicht immer leicht machen, ihre Körpersprache zu erkennen. Nehmen Sie zum Beispiel einen Komondor oder einen Puli, bei dem Sie auf den ersten Blick nicht wissen, wo hinten und wo vorne ist. Glauben Sie, das geht nur Ihnen so? Weit gefehlt: auch Ihr Hund hat damit ein Problem. Wenn er aber schon in der Welpengruppe so einen Artgenossen kennenlernt, dann bleibt ihm dieser im Gedächtnis.

Auch verschiedene Größen müssen gemischt werden – nur so kann z.B. ein Chihuahua lernen, dass Irish Wolfhounds zwar groß, aber keineswegs automatisch böse sind. Und Deutsche Doggen können erkennen, dass kleine Jack Russell Terrier auch zum Spielen geeignet sind und nicht nur als »Wadlbeißer« eingestuft werden müssen. Bewegungsabläufe des jeweils kleineren oder größeren können gelernt werden und tragen dazu bei, im späteren Spiel vorsichtig miteinander umzugehen!

Stellen Sie sich vor, man würde nach Alter trennen; also man ließe z.B. nur die acht- und neunwöchigen Welpen miteinander spielen, ebenso die zehn- und elfwöchigen usw.

Was würde dabei herauskommen? Nichts besonders Gutes! Der Grund ist, dass die jüngeren von den älteren lernen, dass Beißhemmung trainiert wird, indem von »erfahreneren« Welpen gemaßregelt wird, indem viele für das spätere Leben notwendige Verhaltensweisen von denen, die schon weiter sind, abgeschaut und selbst umgesetzt werden können. Ganz wichtig ist es für Sie, zu wissen, dass es den vielfach erwähnten »Welpenschutz« nicht gibt! Selbst im eigenen Rudel, kommt es manchmal zu vernichtenden Handlungen! Und eine Welpengruppe ist kein Rudel!

Die Menschen gehören in die Gruppe ebenso wie die Hunde! Gehen Sie nur dort in die Welpengruppe, wo Sie auch selbst in den Stunden mitwirken können! Wichtig ist vor allem, dass Ihr Hund in der Welpengruppe mit Anforderungen »fertig werden« muss, die zwar nicht unbedingt alltäglich sind, aber durchaus angstauslösend sein könnten, wie zum Beispiel verschiedene Untergründe, wie Gitter, weiches Plastik, Metall, Holz etc., oder auch flatternde Fahnen, Papier, lautes Geraschel und vieles mehr.

3.2 Halsband oder Geschirr?

Hier scheiden sich unsinnigerweise die Geister. Ja, Sie lesen richtig: »unsinnigerweise«, weil die richtige Antwort einfach logisch ist und zudem in meiner Erfahrung schon Hunderte Male getestet wurde.

Eine qualfreie Hundeerziehung funktioniert nur mit Geschirr! Hunde, die von klein auf Geschirre tragen, lernen erst gar nicht zu ziehen. Die Menschen, die zu mir kommen, um mit ihrem Hund zu trainieren, dürfen bei mir verschiedene Sachen selbst ausprobieren; unter anderem gehört dazu, sich die Kehle zudrücken zu lassen. Glauben Sie mir: Alle wollen sofort weg! Ist ja auch logisch, denn es ist äußerst unangenehm, eine Hand oder eine Kette an so einer sensiblen Stelle zu spüren. Nun frage ich mich aber, wieso um alles in der Welt glauben Sie, dass Ihrem Hund das gefällt? Wieso wundern Sie sich, dass er weg will von Ihnen und dem Schmerz am Hals? Wieso glauben sie, dass der Hund erkennt, wenn er nicht zieht, dass es dann nicht weh tut? Vor allem, wenn SIE bei jeder Gelegenheit an der Leine ziehen? Ja, das tun Sie! Menschen sind nämlich so. Wenn irgendwo eine Schnur herabhängt oder aus der Mauer schaut – Menschen ziehen sofort mal dran. Warum sollte das also bei der Leine, die am Hals Ihres Hundes hängt, anders sein?

Wenn Sie nun schon ständig am Hund herumziehen müssen, dann bitte so, dass es ihm nicht weh tut – und das ist mit einem Geschirr ganz einfach möglich. Wenn Ihnen also jemand erzählt, mit einem Halsband oder gar einem Kettenwürger, oder noch schlimmer mit einem Stachelhalsband wäre Ihr Hund leichter zu führen, dann lügt er – und außerdem offenbart er seine Unfähigkeit in der Ausbildung von Mensch und Hund. Gewalt gegenüber unserem Hund ist immer Ausdruck menschlicher Unfähigkeit!

Das dürfen übrigens »meine Menschen« auch ausprobieren: Ich lege Ihnen zwei Stachelhalsbänder um den Unterarm; eines mit geraden, abgezwickten Stacheln und eines mit abgerundeten (also jenes, bei dem der Verkäufer Ihnen gesagt hat, das tut nicht weh …). Ich reiße dann natürlich nicht so dran herum, wie die Menschen an ihrem Hund, nein, ich drücke es nur leicht zu und verkante es. Plötzlich fangen die Menschen zu schreien an. Warum nur? Weil beide ganz fürchterlich schmerzen!!! Und wenn man Schmerzen hat, kann man nicht lernen, kann man nicht folgen, kann man sich nicht konzentrieren. Das wissen Sie selbst, denn mit richtigen Kopfschmerzen sind Sie auch zu nichts fähig, oder? Ich stelle mir nun die Frage, wieso manche Menschen glauben, ein Hund könne dann noch leistungsfähig sein …

Also, verpassen Sie Ihrem Liebling ein anständiges Geschirr, das schön locker ist und nirgendwo einengt, und verwenden Sie die Zeit, in der Sie sich sonst über das »Ziehen« ärgern, dafür, Ihrem Hund beizubringen, dass er Ihnen überallhin freiwillig nachfolgt. Und besonders Welpen tun das sowieso äußerst gerne. Also beschweren Sie sich nicht, wenn Ihnen das kleine Wesen ständig überall nachläuft, sondern freuen Sie sich darüber und nutzen Sie es aus!

3.3 Sitz, Platz und Fuß – Nein!

Ja, geht's noch? Da schreibt der ein Buch über Hundeerziehung und verweigert die Kommandos?

Ja, ich verweigere Sie – aber nur bei Welpen bis zum 5. Monat. Bis dahin muss der Hund das nämlich noch nicht können. Denken Sie daran: Wir wollen artgerecht erziehen! Und das bedeutet unter anderem, bestimmte Dinge nicht zu tun, bevor nicht auch ein bestimmtes Alter erreicht ist.

Der Welpe ist ein Baby! Bitte merken Sie sich das und akzeptieren Sie es!

Sie schicken Ihr Kind mit sechs Jahren in die Schule; vom Hund verlangen Sie mit 12 Wochen ganz selbstverständlich schon vergleichsweise schwierige Sachen. Wenn diese vergleichbar Ihrem Kind auferlegt würden, dann wären Sie ganz schnell beim Rechtsanwalt, um die Schule oder den Erzieher zu verklagen.

Seien Sie froh, wenn Ihr Hund Ihnen nachläuft. Wieso muss er sich als Welpe schon vor Sie hinsetzen? Es gibt nicht einen vernünftigen Grund – außer unserer eigenen Profilierungssucht. Dieses Thema werden wir noch genauer anschneiden, wenn es dann um die Ausbildung der jungen oder schon fast erwachsenen Hunde geht.

Mit dem Hinlegen verhält es sich nicht anders. Genießen sie die kurzen Wochen der Welpenphase und machen Sie diese Zeit weder sich noch Ihrem Hund mit Unsinnigkeiten schwer!

3.4 Herkommen – Ja!

Das *allerwichtigste Kommando*, das Sie je Ihrem Hund beibringen *müssen*, ist das zuverlässige Herankommen zu Ihnen. Und glauben Sie mir, es ist nicht wichtig, *wie* Ihr Hund kommt, sondern *dass* er sich auf Zuruf bei Ihnen einfindet. Dazu nutzen Sie ganz einfach das Grundverhalten eines Welpen aus: Der Kleine hat erst mal niemanden außer Ihnen. Also ist es Ihre Aufgabe, ihm zu vermitteln, dass bei Ihnen der aller-, allerbeste Platz auf der Welt ist, und nichts anderes ist je schöner! Und sie bestätigen ihm, dass das, was er tut, nämlich zu Ihnen laufen, Ihnen nachzulaufen, genau das einzig Wahre und Richtige ist!

Dazu gehen sie folgendermaßen vor: Immer wenn Ihr Welpe *freiwillig und von selbst* zu Ihnen kommt, sei es zu Hause in der Küche, im Flur oder auf dem Klo – dann machen Sie ein richtiges Fass auf und freuen sich: »Zorro, HIER! So ist er mein feiner Zorro, ja prima, HIER!« Noch während Ihrer Ansprache gibt es für den kleinen Zorro die feinsten Leckerlis zur Belohnung! Halten Sie sich daran, diese Zeremonie vom ersten Tag an mindestens zwei Monate aufzuführen, und erst dann das Kommando langsam, aber sicher dazu zu verwenden, dass der Hund auf Zuruf: »Zorro, HIER!« zu Ihnen kommt; mit derselben Konsequenz, wie oben beschrieben: Fass aufmachen und Leckerli verteilen!

Unsere langjährige Erfahrung zeigt: Wer sich an diese Anweisung hält, hat einen Hund, der immer auf Zuruf kommen wird; wer sie vernachlässigt, wird einen Hund haben, der je nach Lage selbst entscheidet, ob er kommt oder nicht – mit allen blamablen Nebenwirkungen ...

3.5 Jagen – Nein!

Ein wahrhaft leidiges Thema! Wenn Sie sich – entgegen meines Ratschlages – als Nichtjäger einen Jagdhund gekauft haben, dann sollten Sie sich in keinster Weise darüber aufregen, dass Ihr Hund das tut, wozu er gezüchtet wurde: Jagen. Mehr sage ich dazu nicht mehr.

Wenn Sie sich für eine der vielen Rassen entschieden haben, die es sonst noch gibt, dann helfe ich Ihnen hier weiter. Das Jagdproblem ist ebenso wie das Herankommen eine Sache, der man schon im Welpenalter Herr werden kann. Wie geht das? Ganz einfach: indem man es verhindert!

Ich zeige Ihnen nun auf, welchen Fehler mit schwerwiegenden Folgen Hundehalter ganz gerne machen. Stellen Sie sich vor, Ihr Welpe springt auf der Wiese herum, und plötzlich sieht er einen Schmetterling und springt weiter und höher, um den Schmetterling zu fangen, was allerdings sicher erfolglos bleiben wird. Dennoch werden bei dieser Tätigkeit Hormone ausgeschüttet, sogenannte Neurotransmitter, von denen in unserem Fall das »Glückshormon« Serotonin die größte Rolle spielt. Das bedeutet, obwohl der Hund den Schmetterling nicht erwischt hat, ist die Tätigkeit des Nachspringens sehr befriedigend und durch die Serotoninausschüttung selbst belohnend. Und wenn Dinge besonders schön sind, dann wollen wir sie gerne öfter haben; am besten dauernd. Was folgt daraus? Unser Hund wird allem, was sich bewegt, nachspringen, und die Neurotransmitter werden verhindern, dass er klar denkt und zu Ihnen zurückkommt, wenn er gerade bei dieser wundervollen Tätigkeit des Jagens ist ...

Also gibt es von Anfang an nur eine einzige Lösung: Ich muss eine Alternative anbieten, die besser ist, als das Spiel; dazu gehört aber auch, dass ich das Spiel unterbinde, es damit zur schlechteren Alternative mache!

Wie geht das?

Mein Welpe will gerade dem Schmetterling, dem Blatt, der Amsel hinterherspringen, da kommt von mir ein lautes und aggressives, erschreckendes »NEIN!!!«, und mit Unterbrechung der Tätigkeit drehe ich mich seitlich, gehe in die Hocke und rufe »Zorro, HIER!«, halte ihm die Hände mit der Handfläche nach oben entgegen und freue mich wahnsinnig, wenn er ansetzt, um zu mir zu kommen, weil er seine Belohnung in Empfang nehmen möchte! Ein absolut konsequentes Durchziehen dieser Aktionen wird ein Jagen Ihres Hundes verhindern. Allerdings nur, wenn Sie ihm dann selbst nicht einen Jagdersatz bieten, in dem Sie Stöckchen, Bällchen oder Frisbees werfen. Denn die Ausschüttung der Neurotransmitter folgt nicht Ihrem Wunschdenken, sondern ganz klaren Abläufen im Körper …

Zumal bestimmte Ersatzhandlungen auch Nebenwirkungen haben; ich denke hierbei an die vielen »Balljunkies« und ihr bedauernswertes Leben bei Besitzern, die glauben, der Ball sei eine bessere und natürlichere Belohnung als ein Leckerli. Jagen verboten – Herkommen erwünscht, so lautet die Devise!

4. Der Junghund – der junge Hund

Das Welpenalter ist nun vorbei, die goldene Zeit des Junghundes beginnt. Warum unterscheide ich in der Überschrift Junghund und jungen Hund? Mit Verlassen des Welpenalters wird der Hund zum Junghund; ein junger Hund bleibt er auch noch in »Pubertät« und jungem erwachsenem Alter. Somit spannen wir den Bogen über eine längere Zeit mit gleichen Verhaltensweisen.

4.1 Es wird ernst

Damit meine ich, dass nun andere Zeiten des Lernens anbrechen. Von fünf Monaten aufwärts ist unser Liebling nun schon in der Lage, länger mit uns zu arbeiten und nun ist auch die Zeit gekommen, wo er in freier Wildbahn von den älteren angelernt würde. In diesem Alter beginne ich auch, Hunde in meine Ausbildungskurse aufzunehmen.

Natürlich kann man die Leistungsfähigkeit eines Hundes (wie auch eines Menschen) nicht ausschließlich am Lebensalter festmachen – einige andere Komponenten spielen hier schon auch noch eine Rolle. Wie bei uns Menschen gibt es auch im Tierreich Unterschiede in Verhalten und Intelligenz, die genetisch vorgegeben sind und nicht ausschließlich durch unsere Einflüsse in den Prägephasen entstanden, aber auch nicht nur von der Geburt in eine soziale Struktur, einem Platz im Rudel abhängig sind. Mittlerweile haben Forscher durch Intelligenztests bei Hunden herausgefunden, dass es intelligente und weniger intelligente Rassen unter den Hunden gibt. Trotzdem weigere ich mich standhaft, die eine oder andere Rasse als »doof« hinzustellen; auch wenn es durchaus auf gewissen Gebieten Anzeichen dafür geben mag …

Ich will damit sagen, dass es den buchstäblich »dummen Hund« tatsächlich gibt; ebenso wie wir auch hin und wieder Mitmenschen treffen, die allgemein geistig nicht ganz auf der Höhe sind. Das berechtigt uns aber nicht, von vorneherein eine ablehnende Haltung einzunehmen. Wir müssen vielleicht halt ein bisschen mehr tun als andere, um mit solchen Schwächen zurechtzukommen. Das bedeutet, dass bestimmte Ausbildungsphasen länger dauern, dass einige Aufgaben niemals erfüllt werden können, wir aber trotzdem einen Hund haben, den wir lieben.

Wenn ich sage, es wird nun ernst, dann sollten Sie das nicht negativ einstufen, wie wir Menschen das ja so gerne tun. Ich meine damit, dass die spielerischen Phasen nun etwas in den Hintergrund treten und das »Arbeiten« mit dem Hund in den Vordergrund gestellt wird. Und Sie werden sehen – es macht Ihrem Hund Spaß!

4.2 Muss wirklich der »andere Wind pfeifen«?

Wie ich vorhin schon sagte, sind wir Menschen oft lieber bereit, Dinge negativ einzustufen, als sie positiv zu betrachten. Warum das so ist? Ich weiß es nicht; meiner Erfahrung nach ist zu einem großen Teil unsere heutige schnelle und ellbogeneinsetzende Lebensweise schuld. Jeder ist sich selbst der nächste, auf dem Arbeitsplatz wird man schon gerne mal wegrationalisiert, nur diejenigen, die am wenigsten Rücksicht nehmen, kommen weiter – ohne daran zu denken, dass sie vielleicht auch einmal ihre Leistungsfähigkeit einbüßen könnten. So tritt die Freude am Beruf und an der Arbeit sehr stark in den Hintergrund, was sich natürlich auch in den privaten Bereich überträgt. Ich kenne Familien, deren Kinder sechs Tage in der Woche durchterminiert sind, wie kleine Manager! Dazu kommt neuerdings ein Gymnasium mit nur noch 8 Jahrgängen, aber mit dem Stoff von Neunen, sodass man den Kindern nun wieder andere Management-Termine, wie Ballett- oder Klavierunterricht streichen muss, damit sie überhaupt noch in der Schule zurechtkommen. Daran, dass diese Kinder auch noch KINDER sind, denkt keiner mehr; dass sie Sozialkontakte pflegen können, indem sie mit Freunden zusammen spielen, die Natur genießen oder einfach nur irgendeinen Unsinn anstellen, ist nicht mehr geplant. Dass hier ein »anderer Wind negativ pfeift«, ist mir schon klar.

Aber wollen wir das alles eigentlich? Ich würde zugunsten meiner Kinder darauf verzichten, sie unbedingt in ein Studium zu zwingen, wenn sie deshalb ihre ganze Kindheit verlören!! Und mit Hunden und Menschen, die mir anvertraut sind oder sich mir anvertrauen, gehe ich nicht anders um.

Es pfeift also kein »anderer Wind« – nein es ist derselbe wie bisher: liebevoll und freundlich, nur die Richtung hat sich ein wenig geändert!

Und wenn sich die Richtung ändert, dann ist man oftmals auch ein wenig erschöpft – denn auch liebevolles Lernen ist anstrengend!

Freitag, 17. Februar 2006

Der stürmische Wintertag mit Schneeflocken, so dick wie Grießklößchen, ist ein besonderer Termin für Enriko und Manu. Am Nachmittag wird sie ihn, der nun 22 Wochen alt ist, aber schon weitaus größer ist, als es die meisten anderen jemals sein werden, durch seine erste Prüfung, nämlich die zum Familienbegleithund, führen! Es ist kalt, aber vor lauter Aufregung merken die beiden das nicht; den anderen Prüflingen geht es ebenso. Endlich sind sie dran! Enriko macht seinem Frauli alle Ehre; nicht ein Fehler unterläuft ihm, der keine Leine braucht. Und warum? Weil er alles aus Liebe macht und nicht, weil man ihn dazu zwingt! Weil er weiß, wo sein Platz ist und weil er nichts anderes will, als bei ihr zu sein; was soll er den Schneeflocken oder dem Hasen hinterherjagen, wenn doch bei ihr der schönste (und leckerlireichste) Platz der Welt ist?? So hat er die Prüfung mit der höchst erreichbaren Punktzahl geschafft, ohne dem Prüfer auch nur einmal Beachtung zu schenken. Danach aber schnell nach Hause, aufwärmen und: schlafen, schlafen, schlafen!

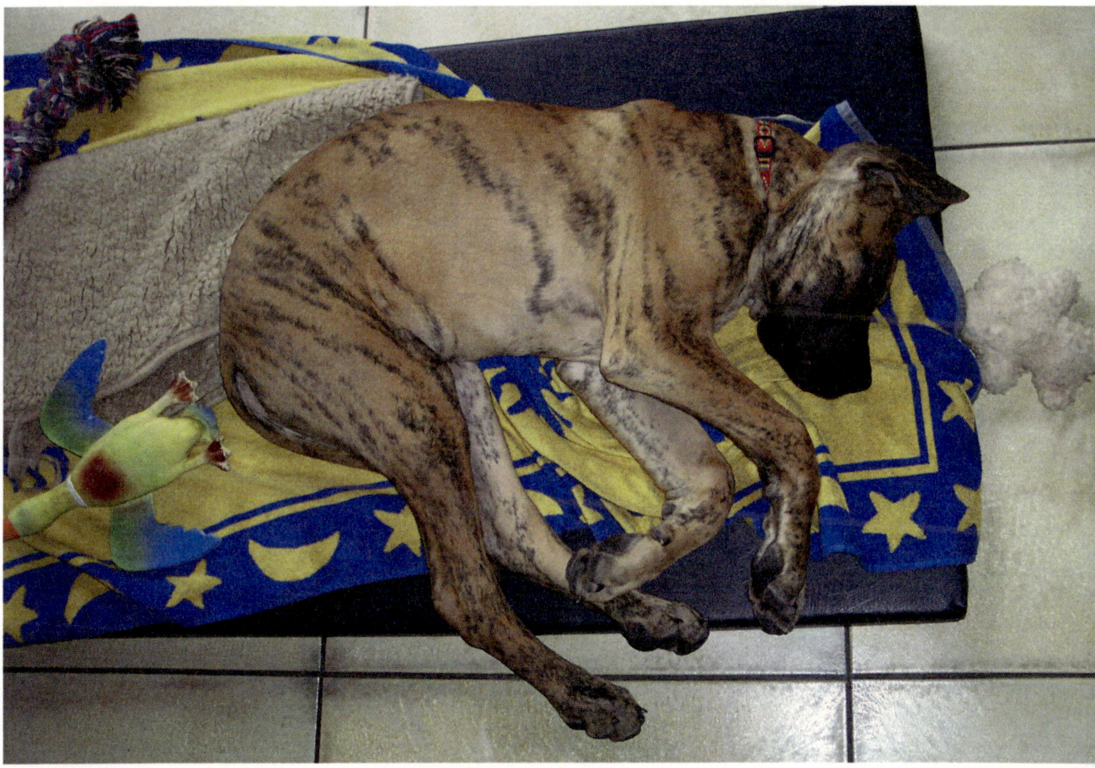

4.3 Das Märchen vom menschlichen Rudelführer

Wieso Märchen? Überall liest und hört man, man solle der Rudelführer sein, das Alphatier, dem der Hund schließlich bedingungslos gehorchen muss und der alles bestimmt, was der Hund zu tun oder zu lassen hat, der als erster durch die Tür geht, der als erster auf der Treppe steht, der immer isst, bevor der Hund was bekommt, der dem Hund die Couch verbietet, bla, bla, bla …

Schlimm genug ist schon, dass unsere Hunde uns bedingungslos ausgeliefert und auf Gedeih und Verderb von uns abhängig sind! Und dann sollen sie auch noch unsere mickrigen, inkonsequenten Versuche, uns wie ein Tier zu benehmen, erdulden.

Lassen Sie sich eines gesagt sein: Sie werden niemals, ich betone, niemals, ein Alphatier sein!

Und warum? Ganz einfach, weil sie kein *Tier* sind! Sie sind ein Mensch, der gar nichts von dem kann, was ein Hund kann! Ein Alphatier sind Sie dann, wenn Sie den flüchtenden Hasen auf allen Vieren vor Ihrem Hund erreichen, ihn totschütteln, mit Ihren Zähnen aufbrechen und das Herz fressen!

Sollte einer von Ihnen, liebe Leser, das können, dann werde auch ich Sie als Alphatier anerkennen und mein Buch wegschmeißen …

Allerdings wird diese Gefahr für mich nicht entstehen; ich weiß das aus vielen Gesprächen und Versuchen mit meinen Kursteilnehmern und dem Umgang mit den vielen Hunderten Hunden, die ich schon »unter meiner Fuchtel« hatte.

Was aber ist dann mit uns? Wie verhalten wir uns richtig, wenn wir schon kein Rudelführer sein dürfen?

Dazu müssen wir erst mal das »Rudel« definieren. Ein Rudel besteht immer aus mehr als zwei wild lebenden Säugetieren. Wie wild leben Sie mit Ihrem Hund? Wie wollen Sie ein Rudel bilden? Darauf lässt sich entgegnen, dass im heutigen Sprachgebrauch auch Menschen, die mit Hunden zusammenleben, als Rudelmitglieder bezeichnet werden können. Was ist aber nun, wenn Sie mit Ihrem Hund alleine sind? Dann sind Sie zu zweit – ein Rudel umfasst aber mehr als zwei Mitglieder. Sie leben mit vier Kindern, Frau/Mann und Hund. So haben Sie ein Säugetier und sechs Menschen, die also dann das Rudel bilden sollen …

Wie man es dreht und wendet, ein vernünftig definiertes Rudel kommt einfach nicht zustande, weil das »Drumherum« fehlt.

Also müssen wir neue Wege beschreiten, denken wie ein Hund, der bei uns lebt, denkt, dann kommen wir der Sache schon näher.

Betrachten wir nochmal ein echtes Rudel Säugetiere: Die Entscheidungsträger, also die beiden »Alphatiere« (ja, es sind zwei!) können Ressourcen zuweisen, kennen sich bestens in ihrem Revier aus, können Streitereien schon alleine durch ihr Charisma beenden, wissen, wo es Wasser gibt, wissen, wie die Beutetiere durch ihr Revier ziehen und vieles mehr.

Unser Verhalten ist da aber ganz anders. Deshalb sage ich immer, wir sollten gar nicht erst den Versuch machen, ein Alphatier zu imitieren, sondern wir sollen ein Führer sein, der *für den Hund* etwas »Göttliches« darstellt. Wie das?

Das lässt sich ganz einfach erklären: Sie verfügen über die wichtigste Ressource: Futter. Und zwar ohne jagen zu müssen! Sie haben es einfach. Das kann in Hundeaugen nur »göttlich« sein, meinen sie nicht?

Sie müssen kein Wasser suchen, geschweige denn, den Rest des Rudels dort hinführen! Sie haben es einfach; Wasserhahn auf – es läuft! Das kann nur »hündisch-göttlich« sein, oder?

Sie können es sich leisten, wann immer Sie wollen, von Ihrer Beute etwas abzugeben, dauernd und immer wieder – Sie brauchen nur in die Tasche zu greifen und da ist das Leckerli! Das kann doch einfach nur »göttlich« sein ...

Eine Anekdote zu diesem Thema habe ich auch noch für Sie: Einer meiner Kunden hörte sich im Hundekurs dieses Thema mit an. Nach zwei Wochen schrieb er mir, um mir mitzuteilen, dass es ein toller Kurs gewesen sei und er sehr zufrieden gewesen sei. Allerdings möchte er anmerken, dass es doch nicht ganz in Ordnung sei, wenn ich mich mit Gott vergleiche, auch im Umgang mit dem Hund. Das könne man dann schon überheblich auffassen, und das stünde uns Menschen nicht zu. Ich solle halt eine andere Bezeichnung verwenden, z.B. »Lichtgestalt« oder »Manitu«.

Manitu?? War das nicht »der liebe Gott der Indianer«?

Wir sehen also: Wo Menschen sind, menschelt es ...

Abschließend kann man Folgendes dazu ausführen: Wer ein »hundegöttlicher« Führer sein will, der muss sich auch »hundegöttlich« benehmen: konsequent, sozial intelligent und vor allem: gerecht!

4.4 Kunststücke: elf Grundkommandos und die Leckerlis

Junghunde lernen im Grundkurs »Familienbegleithund« bei mir elf Grundkommandos (mehr geht aufgrund der engen Zeitschiene nicht), welches folgende sind:

1. neben uns mitlaufen: »Fuß!«
2. bei uns sitzen: »Sitz!«
3. Geschwindigkeit erhöhen: »Hopp, hopp!«
4. Geschwindigkeit reduzieren: »Laaangsaaam!«
5. Links abbiegen: »Links!«
6. Rechts abbiegen: »Rechts!«
7. Hinlegen: »Platz!«
8. Sitzen bleiben: »Sitz – Bleib!«
9. Liegen bleiben: »Platz – Bleib!«
10. Komm her: »Hier!«
11. Kehrtwendung auf engem Raum: »Kehrt!«

Das Kommando »Steh!« bringen wir dem Hund separat bei; es würde im Grundkurs zu viel Zeit nehmen, wir trainieren es in anderen Kursen.

Bitte beachten Sie: Diese und viele andere Kommandos, die Sie Ihrem Hund beibringen können, sind keine Selbstverständlichkeit, auch wenn man Ihnen das immer wieder weißmachen möchte. Jedes für sich ist ein kleines Kunststück; unsere Kinder würden dafür jeweils ein tolles Geschenk für die »gute Note« oder eine andere Belohnung bekommen.

Bevor ich diese Kommandos nun erkläre, muss ich noch etwas klarstellen, was den Einsatz von Leckerlis betrifft.

Immer wieder höre ich von Kunden ebenso wie von Trainern, dass der Einsatz von Leckerlis nicht artgerecht wäre, die Frage taucht auf: »Muss ich jetzt immer Leckerlies dabei haben; das will ich nicht!«, und andere Kommentare, die mich überzeugen sollen, den Hund für seine gute Leistung nicht zu belohnen.

Artgerecht – darüber mag man streiten; diesbezügliche Beobachtungen über wild lebende Hunderudel gibt es nicht (wenn man einmal von Günther Blochs Italien-Beobachtungen[3] absieht).

Wenn man allerdings weiß, dass Hunde so ziemlich die größten Opportunisten sind, die es gibt, dann ist einem auch klar, dass sie durch Belohnung stimuliert werden wollen und können – und dann wird das Ganze eben schon wieder artgerecht.

Aber selbst diese Begründung bräuchte es nicht, weil das System der Belohnung einfach Erfolg zeigt. Was braucht es mehr als Erfolg?

Ich diskutiere darüber nicht mehr, denn meine Erfahrung hat zusätzlich ganz deutlich gezeigt: Belohnte Hunde arbeiten und »folgen« insgesamt besser.

[3] Günther Bloch: »Die Pizza-Hunde«

Wenn Sie als angehender Hundehalter oder auch schon als aktiver, keine Leckerlis einschieben wollen, weil Sie Angst haben, in allen Taschen Brösel oder andere Reste zu haben, dann fürchte ich, ist es mit der Liebe zum Hund nicht allzu weit her; denn wer Hunde hat, wird sich damit abfinden müssen, gewisse Dinge in Kauf zu nehmen und manchmal auch mehr putzen zu müssen als andere.

Aber Sie sind ja anders, denn sonst würden Sie ein Buch mit dem Titel »... dein ist mein ganzes Herz!« auch nicht lesen, oder?

Ein kleines Beispiel macht das Ganze noch deutlicher:

Herr M. arbeitet bei einem Autozulieferbetrieb. Er ist ein fleißiger Arbeiter, der auch mal die eine oder andere Überstunde macht. Der Monat neigt sich dem Ende zu und wir fragen ihn, ob er seinen Arbeitgeber mag. »Natürlich; ich bin froh, diese Arbeit zu haben; ich habe einen tollen Arbeitgeber!«, sagt Herr M. und ist konsterniert, als wir ihm nun mitteilen, wenn er seinen Arbeitgeber so sehr schätze, dann könne er auch für ihn arbeiten, ohne seine Belohnung in Höhe von 2500 Euro in Empfang zu nehmen, sein Hund bekäme außer seiner Liebe ja auch keine Leckerlis als »Gehalt«. Was glauben Sie, ist Herrn M. lieber: die pure Liebe oder auch die Liebe gemischt mit Belohnung???

Sehen Sie, die Dinge klären sich von selbst.

Nun beschreibe ich die Kommandos und das was dahintersteckt ebenso, wie ich beschreiben werde, warum ich manche Dinge nicht mag.

Wenn wir unserem Hund das »Fuß gehen« beibringen, dann sehen manche von uns das wunderbare Bild von dem Hund, der neben seinem Herrchen läuft, direkt mit der Schulter am Knie, den Blick starr nach rechts oben zum Herrchen gerichtet, nicht?

Ich finde das kein »wunderbares« Bild, sondern ein furchtbar trauriges. Erstens vermisse ich bei dem Hund ein selbstständiges Gehen und Schauen, und zweitens sehe ich, wie er sich die Wirbelsäule ruiniert, nur weil Herrchen sich wieder mal über seinen Hund definiert und seine Macht zeigt, die übrigens mit Verlassen des Hundeplatzes gleich wieder vorbei ist ...

Wie gehen solche Leute mit Frau und Kindern spazieren? Müssen die auch alle nach rechts oben zum Papi schauen?

Lieber Leser, solche unsinnigen Kommandos haben nichts mit Hundeerziehung zu tun, auch wenn heute noch immer ein paar unbelehrbare Leistungsrichter auf solch unsinniges Verhalten Wert legen.

Ein neben mir herlaufender, denkender Hund, der auch noch selbstständig einem Laternenpfahl ausweichen kann, ist mir da schon wesentlich hochwertiger.

»Fuß gehen« bedeutet bei mir: Laufe links neben mir, in meiner Geschwindigkeit, ohne die Leine zu straffen, und wenn du ohne Leine bist, dann laufe genauso bei mir. Ich möchte also, dass mein Hund gerne und freiwillig neben mir läuft und nicht mit andressiertem, unnatürlichem Verhalten.

Dazu nutze ich den natürlichen Trieb des Hundes aus, mir nachlaufen zu wollen. Und immer, wenn er auf meiner Höhe ist, sage ich ihm das Kommando »Fuß!« und belohne ihn mit einem Leckerli. Noch am ersten Tag des Kurses läuft der Hund freiwillig mit. Und ganz schnell lernt er auch, sich darauf zu konzentrieren, wo man hingeht. Hört sich einfach an? Ist es auch. Allerdings nur, wenn man mit seinem Hund so umgeht, wie ich es bisher im Buch beschrieben habe. Bei Hunden, die schon älter sind oder das typische »Leinenziehen« zeigen, geht es nicht ganz so einfach. Aber dazu später.

Ein kurzer Ausflug in die Geschichte der vergangenen 120 Jahre soll zeigen, wieso wir beim »Fuß gehen« und in den verschiedensten Hundesportarten den Hund links von uns gehen haben:

Haus- und Hofhunde wurden in früherer Zeit nicht mitgenommen, wenn man selbst verreiste. Also haben nur ganz bestimmte Personen einen Hund mitgeführt – und dies waren z.B. Polizisten, Zöllner, Förster. Diese Menschen waren Waffenträger, und da auch schon damals die Mehrzahl der Leute Rechtshänder waren, wurde die Waffe rechts getragen; somit musste die rechte Hand frei bleiben und man brachte dem Hund bei, links zu laufen. Dies erwies sich als sinnvoll, denn mit zunehmendem Verkehr auf den Straßen lernte man, z.B. auf einer Landstraße links zu gehen, sodass man von den entgegenkommenden Fahrzeugen gut erkannt wurde. Mit einem rechts laufenden Hund wäre dessen Sicherheit stark gefährdet gewesen. Weiterhin konnte man sich gegenseitig begrüßen, ohne die Hundeleine aus der Hand geben zu müssen. Somit blieb uns das Linkslaufen erhalten und viele Prüfungen und Hunde-Sportarten, die auf Parcoursarbeit ausgelegt sind, haben die Hindernisse so aufgebaut, dass der Hund links läuft. Wenn Sie also mit Ihrem Hund eine sportliche Karriere anstreben oder auch nur zum Spaß verschiedene Dinge ausprobieren wollen, dann sollten Sie ihn von vorneherein links führen, denn die wenigsten Organisatoren werden für Sie den Parcours anders herum aufbauen (Dies gilt nicht bei Behinderung von Herrchen/Frauchen oder Hund!).

Wenn Sie so vorgehen, wie oben beschrieben, dann können Sie auf so manche Ratschläge verzichten. Einer der besten Tipps, die mich immer zum Lachen bringen, ist der: »Sie müssen interessant für Ihren Hund sein!«

Wenn ich das höre, dann stelle ich mir immer ein paar Wölfe vor, die auf die Jagd gehen wollen, aber keiner hört auf die beiden Alphas. Da stellt sich plötzlich

die Wölfin in die Mitte des Lagers und fängt an, einen Solo-Tanz hinzulegen, um interessant für die anderen zu sein …
Manchmal denke ich auch daran, wie manches »Frauli« gemäß den Anweisungen ihres Hundetrainers herumspringen soll, um für ihren Hund interessant zu sein; machen Sie das mal im Einkaufszentrum …

Will sagen: Lassen Sie solchen Unsinn und glauben Sie ihn auch nicht, wenn man ihn Ihnen erzählt, er verdeckt nur das Unwissen der Trainer, die sich nicht genügend weiterbilden oder einfach zu wenig Erfahrung haben, weil sie das Geschäft nebenbei betreiben.

»Sitz!« ist ein Kommando, das sinnvoll ist, um den Hund bei sich zu behalten und Spannung herauszunehmen; ihm etwas Ruhe zu gönnen, ihm aber trotzdem mitzuteilen, dass es gleich weitergeht; hinlegen lohnt sich also nicht.

Beim Beibringen dieses Kommandos gilt wie bei allen anderen: Fassen Sie den Hund nicht an, um ihn zu setzen! Sie müssen Ihn nicht mit Druck auf die Hüfte zum Sitzen zwingen. Es geht anders und schmerzfrei. Manches Mal setzen sich Hunde nicht gern und das kann verschiedene Gründe haben:

- Sie wissen nicht, wie es geht (kommt sehr oft vor).
- Sie sollen sich auf eine Stelle setzen, die ihnen Schmerzen verursacht (Disteln, Steine, Ameisen etc.).
- Sie sollen dort sitzen, wo ein anderer Hund sein »Geschäft« verrichtet hat (aufpassen, wo Sie das Kommando geben).
- Sie haben Schmerzen im Hüft- oder Beinbereich u.v.m.

Mit ein bisschen Verständnis können wir unter Beachtung folgender Aussage mit dem Hund viel sanfter arbeiten:

Wenn ein Hund etwas *nicht* tut, dann hat das *immer* einen Grund!

Also, lassen Sie uns jeweils den Grund finden, und unser Hund wird schnell merken, dass wir ihn nicht dressieren, sondern mit Rücksicht ausbilden!

Beim Einüben des Kommandos »Sitz!« hilft es uns, die Anatomie des Hundes auszunutzen. Aufgrund der andersartigen Statik seiner Wirbelsäule als Vierbeiner senkt er beim Hochschauen automatisch die Kruppe nach unten. Wenn ich nun ein Leckerli langsam etwa in meiner Brusthöhe so führe, dass es beginnt, hinter den

Kopf des Hundes zu zeigen, dann schaut er diesem Leckerli nach, und wenn die Überstreckung der Halswirbelsäule beginnt, dann geht die Kruppe nach unten, und in dem Moment, in dem der Po den Boden berührt, sage ich »Sitz!« So lernt der Hund, dass hinsetzen bedeutet: Der Po muss den Boden berühren. Erst nach einigen Übungen, wenn man merkt, dass der Hund die Aufgabe begriffen hat, kann man das Kommando aussprechen, um den Hund zum Sitzen zu bringen. Es ist immer sinnvoll, Kommandos mit körpersprachlichen oder zumindest Sichtzeichen zu untermalen. Das ist logisch, wenn wir wissen, dass der Hund um ein vielfaches mehr körpersprachlich als lautsprachlich (Bellen, Knurren, Winseln) interagiert. Das Sichtzeichen für »Sitz!« ist der aufgereckte Zeigefinger, der vor dem Körper nach oben gehalten wird (damit der Hund hochschauen muss). Je höher ich den Finger halte, umso besser ist das, denn wenn ich dem Hund einmal beibringe auf Entfernung mit mir zu arbeiten, dann sollte er das Zeichen schon sehen können. Bei Prüfungen, die ich als Leistungsrichter abnehme, ist diese Art der Kommandounterstützung Pflicht! Dabei muss der Hund keineswegs wie ein »Sphinx« dasitzen; er soll es sich ruhig bequem machen und darf natürlich auch den Kopf drehen, um zu schauen, was um ihn herum vor sich geht. Und wie gesagt, fassen Sie Ihren Hund dabei nicht an (außer um ihn zu streicheln); wenn Sie ihn nach unten drücken, dann hat er Schmerzen, und das wiederum ist kontraproduktiv. Geduld heißt die Devise!

Wenn ich meinem Hund beibringe, seine Geschwindigkeit auf Kommando zu erhöhen, dann lernt er auch automatisch, diese auf Kommando zu verringern. Das eine ist sinnvoll, wenn ich ihn »am Fuß« haben will, wenn ich selbst losrenne, das andere zum Beispiel dann, wenn 65 und mehr Kilo Hund auf mich zustürmen, und ich möchte sie bremsen!

Hier haben sich die folgenden Ausdrücke als praktikabel erwiesen:

»Hopp, hopp!«, um zu beschleunigen, und »Laaangsaam!«, um zu bremsen. Meine Erfahrung hat gezeigt, dass Hunde etwa zehn Minuten brauchen, um diese beiden Kommandos zu begreifen und sogar ohne Leine auszuführen.

Oftmals beginnen die Hunde beim Kommando »Hopp, hopp!« hochzuspringen und in die Leine zu beißen, weil sie denken, wir wollen mit ihnen spielen. Um das zu verhindern, beginnen wir anfangs mit ganz kurzen Strecken: Drei, vier Schritte »Hopp, hopp!« und schon wieder runter bremsen mit »Laaangsaaam!«.

Dieses langsame Gehen soll wirklich langsam sein und sich *deutlich* von der normalen Ganggeschwindigkeit absetzen – nur so kann der Hund den gewünschten Unterschied erkennen.

Es ist schön, mit seinem Hund durch die Stadt zu spazieren, enge Gassen zu erkunden und vielleicht die ein oder andere Kleinigkeit einzukaufen.

Weniger schön ist es, wenn man beim Linksabbiegen in das nächste Gässchen über seinen Hund fällt, weil der meint, er müsse geradeaus weitergehen, oder wenn man nach rechts will und der Hund läuft wieder gerade weiter und reißt einem somit die Einkaufstüten aus der Hand …

Hilfreich sind hier die beiden Kommandos »Links!« und »Rechts!«. Um sie dem Hund beizubringen, zeige ich mit der rechten Hand vor der Hundenase in die entsprechende Richtung und gebe dazu das Kommando im Wort. Damit der Hund die Richtungsänderung als solche erkennt und im Kommando umsetzen kann, ist es sinnvoll, die »Links!«- und »Rechts!«-Übung jeweils in einem 90°-Winkel durchzuführen, denn so ist die Richtungsänderung am abruptesten.

Ist der Winkel größer, dann gleicht das Ganze schon mehr einem »Kehrt!«; ist er kleiner, dann endet das Ganze meist in einer Kreisbewegung und der Effekt des nach rechts oder links Laufens ist wieder nicht erklärlich für den Hund.

Oft haben wir schon erlebt, wie sinnvoll es ist, diese Kommandos gut einzuüben; z.B. dann, wenn Ihr Hund schwimmt, Sie ihm ein sündhaft teures Neopren-Spielzeug ins Wasser werfen und er es nicht sieht, weil er ja mit den Augen auf Wasserhöhe ist und das Spielzeug ebenfalls. So dreht er um und findet es nicht mehr und Sie haben zwei Möglichkeiten: entweder selbst hineinspringen und das Spielzeug holen oder ein neues kaufen …

Wenn Ihr Hund aber die Kommandos »Rechts!« und »Links!« kann, dann können Sie ihn auch im Wasser so dirigieren, dass er sein Spielzeug findet. Kleines Kommando – große Wirkung!

Ihren Hund hinzulegen, wenn Sie länger an einem Ort bleiben wollen oder wenn Sie ihn genauer unter Kontrolle haben wollen, ist eine Maßnahme, die es auch dem Hund erleichtert, länger ruhig zu bleiben. Und dabei ist es wie beim Sitzen unerheblich, *wie* der Hund da liegt! Natürlich mag es toll aussehen, wenn der Hund wie eine Statue liegt; aber ist das auch sinnvoll? Ich glaube eher nicht! Wenn er gerade daliegt, dann ist das o.k.; wenn er sich aber auf die Seite legt und im »Platz!« einschläft, dann ist das in meinen Augen noch besser!

In einem so starken Kommando wie dem »Platz!« soll sich der Hund so wohl fühlen, wie es nur irgendwie geht, denn er darf auf keinen Fall ohne weitere Ansage aufstehen. Wenn er sich auf der Seite liegend wohlfühlt, dann will er auch nicht aufstehen, und das ist gut!

Sie sollen in dieser Phase der Ausbildung mit Ihrem Hund keinen Preis für geziertes Daliegen holen, sondern die Ausführung der Kommandos soll qualitativ hoch sein. Denken Sie einmal an sich selbst: Würde man Ihnen befehlen, regungslos dazusitzen oder dazuliegen, wie lange würden Sie das aushalten? Sehen Sie; Ihrem Hund geht es nicht anders! Nur weil er vier Beine hat, kann er nicht automatisch alles doppelt so gut, wie wir!

Um dem Hund beizubringen, wie man sich hinlegt, gibt es zwei Möglichkeiten: entweder man wartet, bis er sich von selbst hinlegt, und bestärkt ihn dann in seinem Verhalten, was durchaus zwei Tage dauern kann, oder man bringt ihn in das Kommando »Sitz!« und nimmt dann das Leckerli und führt es vor dem Hund Richtung Boden, und er sollte sich hinlegen, um das Leckerli zu bekommen. Mit Berührung des Bodens durch den Bauch sage ich dann »Platz!«, sodass der Hund lernt, dass das Kommando verlangt, dass der Bauch den Boden berühren muss. Dabei öffne ich die Leckerli-Hand, damit sie flach auf den Boden zeigt; das ist das Sichtzeichen für »Platz!«. So weit die Theorie.

In der Praxis bin ich dann schon mal eine halbe Stunde auf dem Boden gelegen, mitsamt dem Leckerli, bis sich seine Majestät bequemt hat, das ebenfalls zu tun. Mit einem großen Lob und einem Leckerli-Jackpot muss man auch dann dieses Kommando festigen und weiter trainieren. Meistens merken die Hunde schnell, dass »Platz!« eine bequeme Stellung ist, und bleiben gerne liegen.

Dem ist nicht so, wenn sie es dem Hund auf die Art beibringen, die immer noch gang und gäbe ist: mit dem Halsband den Hund nach unten reißen, bis er liegt, (wenn er liegt) oder ihn umschmeißen und festhalten. Würden Sie das gerne erdulden? Wenn der Hund das Kommando »Platz!« auf diese Art lernt, dann wird er es nie mögen und Sie können sich nie ganz auf ihn verlassen! Also gehen Sie lieber den Umweg über die geduldige Variante!

In der Grundausbildung hört man immer wieder, dass der Hund ein Kommando nicht selbst aufheben darf, sondern dass der Hundeführer dies tun muss. Hört sich theoretisch gut an; um in der Praxis umgesetzt werden zu können, bedarf es dann aber doch einiger Übung – glauben Sie nicht, dass das mit ein paar Übungseinheiten in drei Tagen erreicht wird! Ich muss also zu einem Trick greifen und mit dem Hund einen »Vertrag« schließen:

»Wenn DU sitzen (oder liegen) bleibst, ohne dich wegzubewegen, dann verspreche ICH, immer wieder zu dir zurückzukommen (und dich zu belohnen für dein geduldiges Warten).

Diesen Vertrag muss ich dem Hund natürlich mit einem Kommando übersetzen und dieses Kommando heißt: »Sitz (Platz) – Bleib!«

Ganz zaghaft und nicht länger als eine Leinenlänge entfernt, lasse ich den Hund sitzen und bedeute ihm mit der Hand das »Bleib!«, indem ich die Handfläche nach außen zu ihm hinstoße und dabei »Bleib!« sage. Auch zeitlich wird das Ganze erst einmal auf einige Sekunden begrenzt. Erst wenn ich das Kommando oft geübt habe, dann kann ich versuchen, sowohl Zeit als auch Distanz zu verändern.

Ziel ist es, dass der Hund das Kommando beibehält, selbst wenn wir uns kurz außer Sichtweite bewegen.

Ich sage »kurz«, denn für längere Zeit sollen Sie Ihren Hund sowieso nicht alleine und damit außerhalb Ihres Einwirkungsbereiches halten. Gründe dafür sind u.a., dass Sie nicht wissen, wer mit Ihrem Hund in der Zwischenzeit wie interagiert, ihn füttert etc., aber auch dass er Ihnen schlicht und einfach gestohlen werden kann!

Somit ist es gut, wenn der Hund lange auf einem Platz bleiben kann, Sie ihn allerdings dabei auch beobachten können.

Da alle unsere Kommandos das Ziel haben, die Alltagstauglichkeit unserer Hunde zu erhöhen, ist es nicht sinnvoll, die »Platztreue« der Hunde zu trainieren, indem sie »bleiben!« müssen, während der Hundeführer in der Vereinshütte ein Bierchen trinkt und anschließend voller Stolz nach draußen geht, um festzustellen, dass der Hund immer noch daliegt. Beim Versuch, das Gleiche mitten in der Stadt zu wagen, ist man dann doch überrascht, wenn es nicht funktioniert. Schuld daran ist natürlich der Hund. Wer sonst?

In der Ausbildung zum gut erzogenen Familienhund, also der ersten Stufe der Folgsamkeit, rufe ich den Hund grundsätzlich nur aus dem Kommando »Sitz!« zu mir. Ich möchte, dass der Hund verinnerlicht, dass er aus dem Kommando »Platz!« unter keinen Umständen aufstehen darf, bis ich nicht wieder bei ihm bin! Ein gut trainiertes »Platz!« kann lebensrettend sein! Ich habe es bei einer meiner Schülerinnen selbst erlebt: Die junge Frau hatte einen Doggenmischling und wohnte in einem kleinen Ort. Der nächst größere Flecken war nur etwa zwei Kilometer entfernt und durch diesen führte eine Bundesstraße. Aufgrund der geringen Entfernung entschloss sich die junge Dame mit Kinderwagen und Hund zu Fuß dort hinzugehen, um einzukaufen. Im Ort angekommen, gab es aus irgendeinem Grund einen sehr lauten Knall, der nicht nur den Menschen, sondern auch den Hund erschütterte und dazu veranlasste, über die Straße zu rennen. Gerade war kein Fahrzeug in der Nähe, doch schon zeichnete sich die Silhouette eines LKWs ab, als der Hund wieder über die Straße zum Frauchen rennen wollte.

Ein von diesem gebrülltes »PLAATZ! BLEIB!«, untermalt von einem weitausholenden Sichtzeichen, führte dazu, dass sich der Hund auf der Stelle hinschmiss und liegenblieb, bis seine Besitzerin die Straße überquerte und ihn abholte. Lebensrettung. Noch heute bekomme ich eine Gänsehaut, wenn ich in den Kursen diesen Fall schildere.

Sonntag, 24. August 2008

Wir kommen aus Achim bei Bremen und haben drei Hunde in unserem Auto: Blacky, mittlerweile 13 Jahre alt, Enriko, unsere erste Deutsche Dogge mit knapp drei Jahren und Nicky, unsere zweite Deutsche Dogge mit gut 10 Wochen. Es zeichnet sich schon auf der Fahrt ab, dass sie *kein* »Mama-Hund« wird; wir sind noch nicht richtig auf der Autobahn, da ist sie schon auf die Rückbank gekrabbelt, hat sich am Fenster aufgestellt und zieht den vorbeifahrenden Autofahrern Grimassen …

Zu Hause angekommen, heißt es für alle drei Hunde: endlich raus aus dem Auto! Wir halten am Main-Donau-Kanal und während sich Blacky und Enriko nach drei Tagen Absenz sofort darüber hermachen, ihre bekannten Plätze zu markieren, ist Nicky noch etwas überfordert mit der neuen Situation. Wir gehen los und wie ein kleiner Bär tapst sie uns hinterher, und nach einigen Minuten traut auch sie sich schon, sich hinzusetzen und Pipi zu machen.
Eine Leine haben wir bis jetzt nicht gebraucht.

So also sieht eine komplett müde Doggenhündin mit 10 Wochen aus. Schon etwa 40 Zentimeter hoch und mit 14 Kilo Gewicht gesegnet …

Kommt Ihnen die Geschichte ein bisschen bekannt vor? Richtig! Zweieinhalb Jahre vorher spielte sich dasselbe schon einmal fast genauso ab.

Warum habe ich jetzt unsere Nicky schon vorgestellt?

Weil sie im Weiteren von Bedeutung sein wird – und weil ja nun auch schon Zeit vergangen ist und Nicky sich zu meinem Arbeitshund entwickeln wird.

Außerdem lege ich Wert darauf, das Kommando »Hier!« nochmal aus Welpensicht und dann auch aus Sicht des Familienbegleithundes zu erläutern, denn es ist nun einmal das allerwichtigste Kommando, das wir haben – und wie ich schon erwähnt habe, ist es ein großes Kunststück!

Ja, es ist wirklich ein Kunststück, denn von selbst würde ein Hund nicht einfach zu uns herlaufen, so wie wir uns das immer vorstellen:

Von einem interessanten Schnüffelort oder aus einem tollen Spiel, aus dem Wasser oder von einem toten Fisch aus soll unser Hund auf direktem Weg freudig mit der Rute wedelnd auf uns zulaufen. Das gehört sich so und außerdem tut es unserer Seele gut, denn WIR haben ja das Sagen und der Hund tut, was wir wollen.

In den meisten Fällen stellt sich das Spielchen aber ein wenig anders dar: Verzweifelte Frauchen und Herrchen brüllen nach ihrem Hund, wedeln mit den Armen oder anderen Extremitäten, glauben dann mit ihrem Sichtzeichen beim Hund Eindruck zu schinden, während Hasso schön brav weiterschnüffelt oder -spielt und sich rein gar nicht um den Besitzer schert, der immer mehr dem Wahnsinn nahekommt und nichts tut, als weiter zu rufen »Hasso! Hasso! Kommst du jetzt her?«

»Nein!«, denkt sich Hasso, »aber schön, dass du Dich ständig bei mir meldest! Da kann ich wunderbar weitermachen mit meinen wichtigen Dingen!«

»HASSSOOOO!« – unendlich könnte man damit weitermachen und die Wirkung wäre gleich Null.

Wenn sich Hasso nun doch langsam entschlossen hat, zu uns herzuwackeln, sagt der Hundefreund jedes Mal: »Das macht der sonst nie!!« – komischerweise habe ich die beiden schon sehr oft bei ihrem »Ritual« gesehen …

Also erkläre ich nun, wieso ich das Herkommen für ein großes Kunststück halte:

Hunde interagieren zum größten Teil körpersprachlich; das wissen Sie schon. Im gesamthündischen Repertoire der Körpersprache gibt es aber keine Aufforderung, die da heißt: »Komm sofort auf geradem Wege ohne Unterbrechung schnellstens her zu mir!« Zerpflücken wir diesen Satz doch einmal:

»Komm sofort« – wie »sofort«?? Ich muss doch noch hier dringend schnüffeln; dann komm ich schon. Du, lieber Hundeführer, solltest also sagen: »Komm, wenn du fertig bist mit deinen wichtigen Tätigkeiten!«

»Auf geradem Weg« – häa »gerader Weg«?? Um Gottes Willen; man geht doch auf einen anderen nicht einfach gerade zu, sondern läuft einen Bogen; alles andere wäre respektlos und kann aggressiv gedeutet werden! Du, lieber Hundeführer, solltest also sagen: »Gehe respektvoll auf mich zu!«

»Ohne Unterbrechung« – wie bitte, »ohne Unterbrechung«?? Das geht doch gar nicht; da, rechts in dem Gebüsch, da liegt ein toter Vogel, den m u s s man einfach noch schnell begutachten. Du, lieber Hundeführer, solltest also sagen: »Wenn du unterwegs was Wichtiges siehst oder riechst, dann schau ruhig nach, was es ist!«

»Schnellstens her zu mir« – laufen auch noch? Du weißt doch, schnelle Bewegungen tragen gerne den Ruch der Aggression, also komme ich lieber im normalen Gang. Du, lieber Hundeführer, solltest also sagen: »Bewege dich normal auf mich zu!«

Eigentlich sollte dann das vollständige Kommando anstelle eines »Hasso, HIER!«, so lauten:

»Hasso, Wenn du fertig bist mit deinen wichtigen Tätigkeiten, gehe respektvoll, unter Beachtung interessanter Wegestellen, in einem normalen Tempo zu mir her!«

Jetzt stellen wir uns einen Hundekurs, bestehend aus fünf Hunden mit ihren Hundeführern vor, die alle gleichzeitig ihre Hunde aus dem Spiel mit dem oben genannten Satz abrufen! Alleine der Gedanke daran verursacht bei mir einen Heiterkeitsausbruch!

Eine solche Kommandogabe ist absolut sinnlos und kontraproduktiv im Zusammenleben mit dem Hund, weil wir es dem Hund so einfach wie möglich machen sollen und deshalb kurze Ansagen geben müssen. Aufgrund dessen gibt es halt dieses kurze Kommando »Hier!«, das wir dem Hund beibringen und das aus den beschriebenen Gründen für den Hund wirklich schwer ist. Also freuen wir uns über jedes dieser Kunststücke und reagieren nicht gereizt, weil es einmal nicht so flott geht, wie von uns gewünscht. Und leider werden von uns dann auch Unterschiede gemacht: Was beim Welpen noch geduldet war (aufgrund unserer eigenen Inkonsequenz), wird nun beim Junghund schon als Grund für Schimpftiraden genommen (Gerechtigkeit?). Ich sehe es sehr oft, dass Hunde für Dinge, die in Ihrer Natur liegen, geschimpft werden. Da merkt man ganz schnell, dass es gar nicht um den Hund an sich und sein Verhalten geht, sondern um den verletzten Stolz des Frauchens oder Herrchens!

Hundeerziehung wird wesentlich leichter, wenn wir UNS nicht im Mittelpunkt derselben sehen, sondern den, den es betrifft: unseren Hund!

Stellen Sie sich vor, Sie sind in einem Geschäft, den Hund an Ihrer Seite, Sie schauen sich die Ware an, doch plötzlich wird es ein wenig eng und sie wollen umkehren.

Den Hund mit dem Kommando »Links!« oder »Rechts!« herumzuführen, ist wesentlich platzaufwendiger, als ihn mit dem Kommando »Kehrt!« dazu zu veranlassen, sich um 180 Grad zu drehen, während Sie sich ebenfalls umdrehen, sodass der Hund wieder links am Bein geht. Hunde können dieses Kommando recht schnell umsetzen. Sie bringen es ihrem Liebling bei, indem Sie mit ihm an der Leine geradeaus gehen, dann die Leine von der linken in die rechte Hand wechseln, sich nach links, also zum Hund, drehen, »Kehrt!« sagen und die Leine – und damit den Hund – hinter Ihrem Rücken um sich herumführen. Ein Herumzerren an der Leine wird nicht nötig sein, weil Ihr Hund bemerkt, dass Sie die Richtung ändern, und sowieso wieder zu Ihnen hin will.

Tja, und schon haben wir es geschafft, unserem Hasso, Zorro oder Paulchen innerhalb von zwei Wochen elf Kommandos beizubringen!

Das heißt allerdings nicht, dass Ihr Hund nun alles kann, was es zu können gibt; es heißt auch nicht, dass Sie von nun an mit ihm nicht mehr arbeiten müssen, denn »er kann ja jetzt alles!«. Es heißt nur, dass Sie von diesem Zeitpunkt an das Handwerkszeug haben, mit dem es Ihnen gelingt, Ihren kleinen Rohdiamanten in Facetten zu schleifen!

5. PuMo – das pubertierende Monster

Haben Sie Kinder? Wundervoll, wenn ja!
Haben Sie Kinder, die schon über das Alter der Pubertät hinaus sind?
Sie glückliche Person!
Haben Sie Kinder, die die Pubertät noch vor sich haben?
Nutzen Sie die Zeit und bereiten Sie sich vor!
Haben Sie Kinder *in* der Pubertät?
Sie armer Mensch, Sie erhalten in den folgenden Seiten Zuspruch …

Ist das ein Buch über Kindererziehung? Nein, ganz und gar nicht, obwohl man einiges davon sehr gut umsetzen kann; z.B. die drei Säulen der (Hunde-)Erziehung: Konsequenz – soziale Intelligenz – Gerechtigkeit! Aber bestimmte Lebensphasen verschiedener Säugetiere, auch unserer Hunde, gleichen sich ziemlich.

Unser Enriko (links auf dem Bild) ist noch geduldig. Es wird aber Zeit, dass Nicky beschwichtigt, sonst zeigt er ihr ganz deutlich, wer hier das »Sagen« hat:

Enriko springt einmal kurz auf, »betatzt« sie ordentlich, und schon ist wieder Ruhe ...

PuMos müssen also sehr viel ausprobieren, sie stehen an der Grenze zum Erwachsenwerden, von nun an wird nicht mehr jedes Verhalten geduldet. Die Folgen für das PuMo sind prägend und nicht immer leicht zu verstehen; andererseits will es das PuMo nicht anders.

Jetzt ist auch die Zeit da, in der das PuMo, den ihm zugeordneten Platz in einem (fiktiven) Rudel besetzen muss.

5.1 Erkennen der Struktur eines Hunderudels

Wie oben schon beschrieben, existieren keine bis wenige erforschte Hunderudel. Wir nehmen in der folgenden Beschreibung den Umweg über die Wölfe. Natürlich sind Hund und Wolf in vielen Bereichen unterschiedlich, im angeborenen Verhalten auf den einzelnen Plätzen in der Hierarchie eines Rudels sind sie sich erstaunlich nahe; oftmals deckungsgleich. Was ich im Folgenden schreibe, sind Erkenntnisse, die ich über einen langen Zeitraum als Hunde- und Menschentrainer gewonnen habe. Ich achte die Arbeit aller Verhaltensforscher sehr; ohne sie wüssten wir heute weit weniger über alle möglichen Verhaltensweisen; da ich jedoch selbst kein Forschender, sondern ein Lernender bin, werde ich auch die von den Damen und Herren Verhaltensforschern verwendeten Termini nicht oder nur unzulänglich nutzen. Ich möchte, dass alle Menschen, die dieses Buch lesen, es auch verstehen, und deshalb bitte ich auch meine Kritiker, mir zu vergeben, wenn ich zur Prüfgruppe (n) nicht auch eine Kontrollgruppe (n1) erstelle und wenn ich darauf verzichte, jede Erfahrung mit minutiös beobachteten Studien zu begleiten. Wer allerdings in unserem Ausbildungszentrum Seminare besucht, der muss sich natürlich auch mit wissenschaftlichen Ausdrücken herumschlagen – das gehört dann dazu.

Mein großes Idol, der Mann, dessen Buch »The man who lives with wolves« ich persönlich als »meinen Schatz« (in memoriam: Herr der Ringe ...) bezeichne, Shaun Ellis[4], hat seine Zeit mit den Wölfen niedergeschrieben und ich habe die daraus gewonnenen Erkenntnisse nicht nur für mich privat mit meinen Hunden umgesetzt, sondern die Ergebnisse in die Welt hinausgetragen und meinen zahlreichen Kunden damit Wege gezeigt, mit ihren Hunden zurechtzukommen, die ohne den Vergleich Wolf – Hund nicht möglich gewesen wären!

[4] Shaun Ellis, Penny Junor: The man who lives with wolves, Random House Verlag, 2009

Es ist noch gar nicht allzu lange her, da war die vorherrschende Meinung die, dass der »Rudelführer«, das sogenannte Alphatier, das größte und stärkste Tier sein musste und dass es einem Monarchen gleich die Untergebenen regierte; dass dieses Tier alleine über das Wohl der anderen entschied, dass nur dieses Tier das beste Fressen bekam, während der Rest verhungerte und so weiter und so fort. Das ist natürlich alles Unsinn und einige dieser Behauptungen werde ich richtigstellen und dann auch anmerken, wo das Umsetzen auf das Hundeleben sinnvoll und auch durchführbar ist.

Ausgehend davon, dass ein Wolfsrudel immer ein Familienverband ist, erklärt sich logischerweise auch, dass es nicht ein Alphatier gibt, sondern zwei: den Rüden und die Wölfin. Und diese beiden sind keine Monarchen – sie sind wohlwollende Führer!

Eine Quintessenz dieses Buches soll es sein, auch Sie zu einem wohlwollenden Führer zu machen bzw. Sie darin zu bestätigen, es zu bleiben!

Wenn sie Ihren Hund nachhaltig ausbilden und erziehen wollen, dann ist der Weg des wohlwollenden Führers immer richtiger als der des gewaltbereiten Primaten, des Menschenaffen, von dem wir gar nicht so weit weg sind, wie wir immer tun.

Wie oft sehen wir unbeherrschte Menschen, die vom Hund Dinge erwarten, die sie ihren Kindern niemals aufbürden würden, obwohl diese viel leichter verstehen würden, da man ihnen ja erklären kann, was man will. Unsere Unbeherrschtheit zeigt dem Hund, dass wir ungerecht und sozial inkompetent sind; gleichzeitig erwarten wir aber, dass er zu uns aufschaut. Für den Hund ergibt sich daraus eine logische Folge: Nicht wir sollen ihn führen, nein er selbst muss das übernehmen, denn offensichtlich können wir das ja nicht! In der Wechselwirkung bedeutet das aber, dass uns das ganz und gar nicht gefällt, und somit bleibt der Ausweg über Gewalt. Da gibt es dann Schläge, da wird die Leine missbraucht, um die Hunde umherzureissen, da setzt man Stachelhalsbänder ein, die furchtbar wehtun – und das alles unter dem Fähnchen der »Hundeliebe«.

Ein besonders ekelhaftes Beispiel zeige ich Ihnen im Folgenden:

Hier handelt es sich um ein Stachelhalsband (siehe Foto Seite 51), das auf der Außenseite mit Leder oder Gurtband überzogen ist, sodass man die Stacheln nicht sieht. Auf diese Art kann man seinen Hund quälen, ohne sich vor anderen Menschen rechtfertigen zu müssen! Und wissen Sie, was das allerinteressanteste dabei ist? Meist werden diese und andere Qualwerkzeuge in Katalogen oder auf Internetseiten angepriesen, die sich mit »Hundesport« befassen. Ja, Sie haben richtig gelesen: »Hundesport«. Leider gibt es viele Hundehalter, die ihren Hund nicht als Lebewesen, sondern als Sportgerät sehen. Glauben Sie nicht auch, dass es besser wäre, wenn diese Leute sich ein Ruderboot kaufen, um sich auszupowern, und nicht einen

Hund, der unter den »Sportambitionen« von irgendwelchen Rohlingen leiden muss?

Gerade in der PuMo-Phase greift man immer wieder zu Mittelchen der Gewalt, wenn man nicht weiterweiß. Lassen Sie das und bleiben Sie ein wohlwollender Führer. Erziehung und Ausbildung dauern länger – aber sie bleiben im Kopf des Hundes als schöne Ereignisse und nicht als angstbesetzte Horrorvisionen!

Manchmal gar wird für Stachelhalsbänder in etwa so geworben: »Die Stacheln symbolisieren Zähne, und so wird der Hund artgerecht daran erinnert, ein bestimmtes Verhalten zu zeigen ...«

Für diesen Blödsinn sollte man dem Schreiberling eines solchen Kommentars die Sicherungsverwahrung androhen.

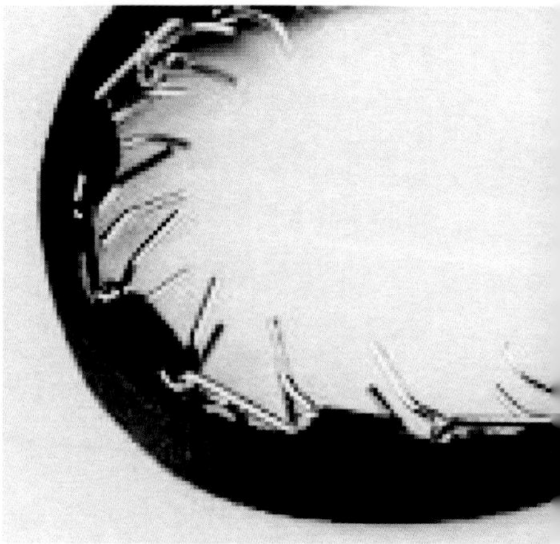

Stachelhalsband[5]

Ganz klar haben Wölfe und Hunde Zähne, um Beute jagen zu können; auch um sich zu wehren, wenn es notwendig ist. Aber innerhalb des Rudels wäre es doch äußerst unvernünftig, wenn man ständig Gefahr laufen müsste, verletzt zu werden. Denn in der freien Natur laufen nicht ständig Tierärzte herum, die dazu da sind, in Rangkämpfen verletzte Wölfe wieder »hinzubiegen«! Schon kleine Verletzungen können sich entzünden und damit für Schwächung und darauffolgenden Tod verantwortlich sein. Kann das im Sinne einer Lebensgemeinschaft hochintelligenter Tiere sein? Natürlich nicht – und so sind die Rangordnungskämpfe, wie wir sie sehen (meist sind es ja nur Festschreibungen der bestehenden Hierarchie – z.B. beim Fressen) in der Regel nur Kommentkämpfe ohne Tötungsabsichten.

Damit die Aufgaben, die sich in einem Wolfsrudel stellen, erfüllt werden können, muss eine Hierarchie mit Verteilung verschiedener Posten gegeben sein. Allerdings sind die Übergänge in den Strukturen schwimmend und haben nichts mit »gut« oder »schlecht« im Sinne der Position zu tun, sondern das Ansehen jedes Einzelnen ist hoch, denn er erfüllt seine Aufgabe.

Kurz – und wissenschaftlich natürlich vollkommen unzureichend – sei hier die Zusammensetzung eines Rudels beschrieben:

- zwei Alphatiere
- die starken Betas

5 Quelle: http://www.interhund.de/images/product_images/info_images/10_0.jpg, zuletzt aufgerufen am 17.12.2011.

- mittelrangige Betas
- nachrangige Betas
- das/die Omegatier(e)

Diese Struktur ist auch in unseren Hunden noch erkennbar, und wenn man darüber weiß, kann man mit seinem Hund auch ganz anders umgehen, als man es tun würde, wenn man es nicht wüsste!

5.2 Nimm deinen Hund, wie er ist!

Das mache ich doch! – Nein, machen Sie eben nicht! Gemeint ist nämlich, sie sollen ihm die angeborenen Strukturen lassen und nicht versuchen, sie ihm abzutrainieren oder »auszutreiben«. Und in seiner PuMo-Phase beginnt sich deutlich zu zeigen, wo Ihr Vierbeiner hineingeboren wurde.

Ist es ein Alpha? Eines der Betas? Ein Omega? Ganz schnell werden Sie beim Lesen merken, dass sie sofort kategorisieren: Alpha ist gut – Omega ist schlecht. Beta ist so mittendrin aber noch besser als Omega. Und am besten wäre aber doch ein Alpha. Tja, wir sind halt Menschen – und Menschen sind nicht frei von Profilierungssüchten. Gerne überspielen wir unsere Defizite mit unserem Hund.

Sonntag, 18. Februar 2007

Im besten PuMo-Alter beginnt Enriko seine Anlagen zu zeigen und dem ergrauten, alten Blacky die Position streitig zu machen.

Aus einigen früheren Anzeichen und seinem jetzigen Verhalten können wir langsam erkennen: wir haben uns einen Alpha-Rüden ins Nest geholt. Der unendlichen Geduld von Blacky und seiner charismatischen Ausstrahlung hatten wir es zu verdanken, dass die PuMO-Phase ohne nennenswerte Dramen vorbeiging. Als Blacky (hier war er ja schon über zwölf Jahre) dann älter wurde, zog er sich aus der Führung zurück, so wie es auch normal ist, und überließ das Feld dem Nachfolger.

Und Enriko entwickelte sich zu einem prächtigen Alphatier, das wohl gottgegeben einfach w u s s t e, was es zu tun hatte. Hätten wir begonnen, ihm nun dieses Verhalten »abzutrainieren«, dann hätten wir uns entweder ein bösartiges Etwas oder, was noch wahrscheinlicher ist, ein gebrochenes, unterwürfiges und angstvolles Wesen herangezogen. Und das ist der häufigste Fehler, der uns egoistisch orientierten Menschen unterläuft!

Wenn ich schreibe »Nimm deinen Hund, wie er ist«, dann meine ich, Sie sollen ihn nicht aus der angeborenen Rolle[6] herausreißen und versuchen, ihn so hinzubiegen, wie sie es gerne hätten, oder vielmehr, wie Sie glauben, dass er so sein sollte.

Sollte er nämlich ganz und gar nicht!

Ich skizziere im Folgenden kurz die Aufgabengebiete der einzelnen Rudelmitglieder im Wolfsrudel nach der Erfahrung von Shaun Ellis:

6 Shaun Ellis, Penny Junor: The man who lives with wolves, Random House Verlag, 2009

Die Alphatiere sind die Entscheider, die (sozial) intelligentesten Tiere, die in der Regel die einzigen sind, die sich verpaaren (dürfen).

Hier entscheiden die Rüden über Belange des gesamten Revieres und alle Rüden unterstützen die Wölfin bei der Jagd. Denn die erste Wölfin entscheidet je nach den Bedürfnissen der Jahreszeit und nach Lage der Ranzzeit über die zu jagenden Tiere, separiert diese und erbeutet sie mithilfe des/der Rüden.

In der Rangordnung danach folgen hoch- bis mittelrangige »Betas«, hier sind vor allem die »Vollstrecker-« und »Tester-«Typen zu erwähnen. Der »Vollstrecker« hat die Alphas zu beschützen, abzuklären, ob gemeldete Gefahren auch wirklich gefährlich sind, und wirft sich, ohne auf seine eigene Unversehrtheit zu achten, auf etwaige Gegner.

Der Tester überprüft regelmäßig, ob die jeweiligen Tiere ihren Bestimmungen noch gerecht werden und sorgt, wenn das nicht der Fall ist, für Rangverschiebungen im Rudel.

Die mittel- bis niedrigrangigen Tiere, inklusive der Omegas, sind für den Schutz des äußeren Zirkels verantwortlich; sie wachen, oft auf erhöhten Positionen, und melden sofort, wenn etwas ihrer Meinung nach Gefährliches eintritt. Die Omegas haben dazu noch die Aufgabe, für die innere Ruhe des Rudels zu sorgen, bei Streitereien sich sofort einzumischen und auf Kosten der eigenen Gesundheit zu trennen und ohne Aggression zu agieren.

Die Schlüsse, die sich für uns als Hundehalter aus den Erkenntnissen von Shaun Ellis ergeben, sind in der Hundeerziehung, wie ich sie sehe, ein äußerst wertvolles Werkzeug!

Zu wissen, in welche Hierarchie-Ebene ein Hund hineingeboren wurde, erleichtert uns die Führung des Hundes – wohl auch unter Berücksichtigung der Rasse – ganz drastisch!

Wenn wir also einen Alpha-Hund zu uns geholt haben, dann werden wir feststellen, dass dieser sich nach und nach zu einem wesensstarken, aber in unseren menschlichen Augen zurückhaltenden Hund entwickelt. Alphas sind entgegen der landläufigen Meinung nicht diejenigen Tiere, die das Rudel beschützen, sondern es sind diejenigen, die beschützt werden – was nichts mit der Wehrhaftigkeit dieser Tiere oder ihrem Durchsetzungsvermögen zu tun hat! Bei genauerem Hinsehen wird uns das auch klar: Ohne die Intelligenz und das Charisma der Alphas bricht das Rudel auseinander; die Aufgabe dieser Tiere ist es, ihre Gene weiterzugeben und nicht, sich in irgendwelchen Kämpfen aufzureiben und womöglich zu sterben.

Wenn wir also Menschen bleiben und uns für den Hund auch so benehmen, dann haben wir mit einem Alphatier ein wundervoll ruhiges Leben. Wohl wird dieser Hund hin und wieder anderen Artgenossen klarmachen, wer er ist; aber er ist kein Raufer und ohne Aggression. Lassen wir ihn also in den Situationen des täglichen Lebens so sein, wie er ist, und versuchen wir nicht, ihn zum kadavergehorsamen Idioten zu machen, dann haben wir einen hervorragenden Begleiter!

Wie ist es nun, wenn sich unser kleiner Liebling als starkes Betatier erweist? Dann müssen wir – auch in der Ausbildung – mit »Überraschungen« rechnen. Als großer Beschützer und Vollstrecker muss der Hund alles, was um ihn herum geschieht, genauestens überprüfen!

Sonntag, 14. Februar 2010

> Wir machen einen Winterspaziergang. Es ist leicht bewölkt, der Schnee liegt um die 30 Zentimeter auf dem Weg, in den Wiesen ist er ca. einen halben Meter hoch. Es ist kalt und unsere Hunde genießen den luftigen Schnee und tollen herum. Ich sehe in einer der Kurven vor uns einen Pferdeschlitten auf uns zukommen. Wir rufen die Hunde zu uns her und nehmen sie ins Kommando, gehen zur Seite in den tieferen Schnee und warten. Das Gespann mit zwei Pferden, dem Schlitten und zwei sehr freundlich winkenden Menschen fährt an uns vorbei. Unseren »Alpha«, Enriko, beeindruckt das Ganze nicht im Geringsten, unser »Beta«, Nicky, hingegen ist sichtlich aufgeregt; sie hat so etwas noch nicht gesehen. Wir gehen los, als der Schlitten ca. 50 Meter weg ist, und plötzlich dreht Nicky um und gibt »Vollgas«. In dieser Situation hilft kein Rufen, sondern nur besonnenes, nicht hektisches Nachgehen. Nicky erreicht den Schlitten, die Menschen halten an, Nicky schaut sich die Pferde, die ganz ruhig stehen, mit gebührendem Abstand an, beäugt den Schlitten: ein Fahrzeug ohne Räder, aber gänzlich ungefährlich, entscheidet, dass für uns alle keine Gefahr besteht, und stürmt genauso schnell, wie sie vorher hingelaufen ist, wieder zurück zu mir und schaut mich erwartungsvoll an.
>
> Was will sie? Natürlich, – eine Streicheleinheit – sie hat doch ihren Job perfekt erledigt, oder etwa nicht? Jawohl, das hat sie. Und wer seinen Hund in dieser Situation schimpft, hat nichts, aber auch gar nichts von der Struktur eines Rudels verstanden.

Man kann jetzt anmerken: »Was – so etwas passiert einem Hundetrainer mit dem eigenen Hund? Blamabel, blamabel!«, und ich gebe dem Betrachter auch zuerst einmal recht. Tatsächlich aber ist so eine Situation äußerst hilfreich, zeigt sie mir doch, dass mein Hund dort angekommen ist, wo er hin soll. Dass es nun meine Aufgabe ist, ihm beizubringen, wann er seine Aufträge ausführen soll und wann nicht, kann ich dem Hund nicht anlasten. Ich habe meiner Nicky dann auf hündische Art beigebracht, wann ich sie hier haben will und wann ich ihr die Entscheidung selbst überlasse. Dazu habe ich in ähnlichen Situationen mit großem Erfolg das »Betatzen« und Knurren eingesetzt und habe sie nicht durch mechanisches Halten (Halsband/Geschirr oder anderer Zwang) dazu veranlasst, bei mir zu bleiben und kurzzeitig Ihren »Job« aufzugeben. Mit Beendigung der »Gefahr« habe ich ihr mit der Handbewegung für »Lauf!« zu verstehen gegeben, dass sie nun wieder so sein darf, wie sie halt ist: Ungestüm, kräftig, lustig und beschützend! Angemerkt sei, dass das oben beschriebene Weglaufen und nicht »folgen« sowohl bei Enriko als auch bei Nicky einen Quotenwert von 3 – 5: 1000 hatte, das bedeutet, bei 1000-mal Rufen kamen die Hunde als junge Hunde 995 bis 997 mal zurück. Im Erwachsenenalter gibt es gar keine »Ausreißer« mehr.

So, nun zum nächsten Aufgabenträger: dem Tester. Hier handelt es sich um starke Tiere, die uns ständig fordern. Man muss ziemlich hundeerfahren sein, um mit einem Hund zurechtzukommen, der sich in diese Richtung entwickelt. Seine Aufgabe ist es ja, allen Beteiligten folgende Aussage abzufordern: »Ja, ich bin immer noch in der Lage, alle meine Aufgaben zu 100 Prozent zu erfüllen!«

Viel Spaß, wenn Sie sich diese Variante zum besten Freund gemacht haben …

Es hört sich aber schlimmer an, als es ist; denn das Einzige, was sie wirklich tun müssen, ist die Anwendung der drei Säulen der Hundeerziehung, wobei an allererster Stelle bei diesem Hund die Konsequenz stehen muss!

Ich erhielt einen Hilferuf einer jungen Dame, die in einer deutschen Großstadt mit ihren Eltern und einem mittlerweile gut einjährigen Hütehund lebt. Das Tier heißt »Jacky« und ist ein reinrassiger Border Collie. Einige Trainer hat der gute schon verschlissen, weil ständig die Allerweltserklärung abgegeben wurde: »Der Hund muss mehr ausgelastet werden, dann wird das schon!« Und immer mehr musste der damals noch sehr junge Hund leisten, und immer noch eine Trainingsstunde und noch ein Spaziergang mit zwei Stunden, und, und, und …

Kein Mensch dachte daran, dass das Tierchen auch mal Ruhe brauchte, und schon gar nicht daran, in welchen Aufgabenbereich der Hund hineingeboren worden war. Der »Tester« wuchs allerdings auch an seinen Aufgaben. Bald beherrschte er es mit Bravour, die Familienmitglieder gegeneinander auszuspielen und vor allem sein eigentliches Frauchen, die Tochter der Familie, an die Wand zu drücken. Mit zunehmender Stärke begann Jacky dann auch während der Spaziergänge andere Hunde anzugehen und nach dem Frauchen zu schnappen, wenn sie ihn davon abbringen wollte. Man riet ihr, ihn »abzulenken«, was natürlich nicht geht, und irgendwann war die junge Frau so weit, dass sie gar nicht mehr wusste, was sie tun sollte.

Der Zufall führte sie zu mir und ich brauchte nicht lange, um ihr die Lösung des Problems nahezubringen. Voraussetzung war allerdings, dass die ganze Familie an einem Strang ziehen sollte – und siehe da, welche Überraschung, – dies gelang natürlich erst mal nicht. Während die junge Dame sich alle Mühe gab, meine Ratschläge zu befolgen, blieb bei den Eltern erst mal alles beim Alten. Man kam ja gut miteinander aus. Der Vater war aufgrund der Körpergröße dem Hund überlegen, was dieser genau wusste, die Mutter beließ es bei den »schönen« Dingen, wie Leckerli geben und Kuscheln.

Für den Tester hieß es damit nur: Das Frauchen muss sich erst mal beweisen. Anknurren, zuschnappen, nicht an den Fressnapf lassen, all das gehörte zu seiner Vorgehensweise. Und es klappte gut! Streitereien über die Vorgehensweise waren an der Tagesordnung; der Tester fühlte sich bestätigt, denn keiner war mehr in der Lage, seine Aufgaben zu erfüllen, also musste er ran und die Führung übernehmen, ohne auch nur im geringsten zu wissen, wie!

Konsequentes Verhalten aller Beteiligten, Zuweisen der Ressourcen, gleichbleibende Abläufe, normale Spaziergänge und »göttliches« Verhalten waren die Medizin, die Jacky wieder auf den Weg und die Menschen dazu gebracht haben, mit ihm und untereinander wieder auszukommen. Gedauert hat das nicht Tage, auch nicht Wochen, sondern gut drei Monate! Dies war schnell, denn der Hund war jung.

Sie sehen also, mit dem »Tester« haben Sie einen intelligenten, manchmal aber auch aggressiven und ungeduldigen Hund, der sie immer fordern wird.

Die unbeliebten Omegas sind nur unbeliebt, weil sie in der Rangordnung am unteren Ende stehen, und das mögen wir Menschen nun mal nicht so gerne. Unser Hund ist ja immer der Beste und der steht gaaaanz vorne!

Richtig und falsch zugleich: Richtig, weil unser Hund wirklich immer der Beste ist. Falsch, weil wir in den meisten Fällen gar nicht wissen, dass unser Hund ein Omegatier ist. Welche Aufgaben muss denn ein Omegatier erfüllen? Es muss sehr wachsam sein. Es muss bei Streitereien eingreifen. Es muss im Vorfeld schon Angriffe verhindern. Das ist weiß Gott ein schwieriger Job!

Hunde mit dieser Struktur sind immer sehr beweglich und aufmerksam, sie wirken oft aggressiv, ohne es tatsächlich zu sein.

Ein wunderschöner kleiner Dackel namens »Paul« kam zu mir in den Hundekurs. Insgesamt waren fünf Hunde verschiedenen Alters und verschiedener Größe dabei. Wie sie es gerne tun, begannen sie schon am ersten Tag nach ein paar Minuten des Kennenlernens, miteinander zu spielen. Bei den ersten Annäherungen zweier besonders aufgeweckter Exemplare, stürzte sich Paul vehement dazwischen und trennte die beiden. Das blieb den ganzen ersten Tag so. Frauchen und Herrchen, zwei freundliche Menschen, die gekommen waren, um wirklich zu lernen, waren etwas aufgeregt, hatten sie doch Angst um ihren kleinen Liebling. Nach genauerem Befragen stellte sich dann heraus, dass der Kleine es auch nicht gerne sah, wenn die beiden sich auf der Couch näherkamen oder wenn die Kinder miteinander scherzten. Außerdem sei er ein ziemlicher Kläffer, aber insgesamt halt so lieb, dass man über Verschiedenes hinwegsehen könne.

Tag zwei des Kurses: In etwa 100 m Luftlinie entfernt von meinem Hundeplatz befindet sich eine Brücke. Der kleine Paul ist beschäftigt damit, wie alle, das Kommando »Sitz!« zu lernen, als er hochschießt und zu bellen anfängt und nicht mehr aufhört. Alle sind überrascht. Ich nicht. Auf der Brücke haben zwei Radfahrer angehalten und schauen uns, bewaffnet mit einem Fernglas, zu. Paul hat seinen Job gemacht! Er m u s s uns einfach warnen, wenn sich irgendwo etwas Ungewöhnliches tut! Und nicht nur das; er muss Frauchen und Herrchen trennen, wenn diese beiden sich auf der Couch umarmen! Man unterschreitet nicht einfach die Individualdistanz des jeweils anderen und das »Betatzen«, also das Umarmen, lässt in hündischem Repertoire darauf schließen, dass es gleich ordentlich »scheppern« wird. Dasselbe gilt beim Scherzen der Kinder – nicht dass die beiden sich noch verletzen; da muss der Paul dazwischen! Mit diesen neuen Erkenntnissen ausgestattet, machen wir uns an das weitere Training.

Allerdings mit ein paar kleinen Änderungen: Wenn Paul bellt – und das tut er nie ohne Grund –, dann wird er hergerufen und belohnt. Die Stimmlage erklärt dem Hund die Belohnung, uns erklärt sie der Text: »Fein, gut gemacht, danke!« Somit wird Paul klar, dass wir um seine Aufgaben wissen und ab dem Zeitpunkt des Erkennens selbst dafür sorgen, dass alles gut wird. Auf der Couch heißt das: »Wir wissen, was du willst, jetzt jedoch entscheiden wir ohne Aggression selbst; geh nun weg!«, und bei spielenden Hunden oder Kindern teilen wir ihm mit, dass nun wir die Verantwortung übernehmen.

Paul weiß jetzt, dass wir seine Aufgaben kennen, und führt sie gerne aus, ohne jedoch dabei nervös zu werden. Omegas wie er sind hervorragende Wachhunde!

Und viele der vorher beschriebenen »Hundesportler« sind im Besitz eines Omegatieres und nicht eines »Alphas«, wie sie glauben. Gott sei Dank wissen sie es nicht …

Nimm deinen Hund, wie er ist! Und ändere nicht *ihn*, sondern *dein* Verhalten!

5.3 Bleib, wie du bist!

Hunde können uns alleine dadurch, dass wir sie »besitzen«, plötzlich verändern. Lassen Sie das nicht zu! Hunde spüren sehr schnell, wenn wir uns verstellen. Hunde lügen nicht – sie merken es aber absolut sicher, wenn Sie das tun!

Wie verändern wir uns bzw. wie können wir uns verändern?

Hier ein paar Beispiele:

- Der kleine, ansonsten eher unauffällige Mann, dessen Frau zu Hause »die Hosen anhat«, wird mit einem prächtigen Schäferhund am Bein plötzlich zum Terminator …
- Der dünne Jüngling, den die Pickel in seinem Gesicht mehr belasten, als die 5 in Mathematik, empfindet sich mit dem Irischen Wolfshund an seiner Seite plötzlich unwiderstehlich …
- Ausgewachsene Männer verfallen plötzlich wieder in die Babysprache, nur weil sie einen Chihuahua ihr Eigen nennen …

Sie können sich gerne hinsetzen und sich weitere Beispiele ausdenken. Ich wette, Ihnen fällt so einiges ein, wenn Sie zunächst über sich selbst und dann über Bekannte aus Hundekreisen nachdenken.

Für Hund und Halter ist es aber am sinnvollsten, sich als Mensch nicht zu verstellen und sich auch nicht von irgendwelchen althergebrachten »Weisheiten« beeinflussen zu lassen. Es ist nicht besonders »männlich«, seinem Hund mangels eigenen Unvermögens die Leine über den Rücken zu schlagen oder ihn am Stachelhalsband zurückzureißen. Auch wirkt es ganz und gar nicht elegant, wenn die feine Dame ihr Hündchen nur auf dem Arm trägt, anstelle es laufen zu lassen; hier bietet sich wohl eher der Ausdruck däm… an.

Der liebevolle, wohlwollende Führer sieht anders aus: Nicht die eigenen Interessen und das Bild nach außen bestimmen seine Art, sondern der Umgang und die sichtbare Liebe zum Hund. Das gemeinsame Leben als Geschenk betrachten, dankbar sein für die Tage, die wir mit unserem Hund verbringen dürfen, und die viel zu wenig sind; die Weisheit annehmen, so lautet die Maxime!

Am Anfang dieses Abschnittes habe ich das Wort »besitzen« in Anführungszeichen gesetzt. Meiner Meinung nach besitzen wir einen Hund nur dem Gesetz nach, weil wir ihn bezahlt haben und Hundesteuer für ihn abführen. Aber können Sie ein

Wesen »besitzen«? Einen Menschen? Einen Beutegreifer, der nur aus Liebe bei Ihnen bleibt? Ganz bestimmt nicht! Sie haben sich dafür entschieden, einen lebenden Charakter bei sich aufzunehmen, also geben Sie ihm auch das, was ihm zusteht. Dass Sie ihn gekauft haben, impliziert nicht, dass Sie mit ihm machen können, was Sie wollen. Allerdings auch nicht, dass er das kann ...

Bleiben Sie also, wie Sie sind! Lernen Sie dazu, und nutzen Sie die Fähigkeit des Menschen, komplex zu denken, um Ihrem Hund in allen möglichen Situationen ein guter Freund zu sein.

In der Zeit, in der Ihr Hund ein PuMo ist, verändert sich natürlich auch sein Gehabe. Nehmen Sie das nicht zu ernst, bei Ihren Kindern haben Sie es auch nicht getan.

Allerdings ist das auch die Zeit, in denen Ihnen so mancher Hundetrainer weismachen will, Ihr Hund sei »dominant«, »aggressiv« oder er würde »beißen«.

Dominanz kommt Menschen gegenüber so gut wie gar nicht vor! Das Wort wird gerne genutzt, wenn man mit seinem Latein am Ende ist, oder man nicht weiß, wie man weiter vorgehen soll; kurz, wenn man zu wenig Ahnung hat. Dominanz würde heißen, dass Ihr Hund Ihr Verhalten so beeinflusst, dass Sie unterwürfig reagieren müssten. Das ist aber nicht ein Verhalten des Hundes, sondern immer ein Fehlverhalten von Ihnen.

Aggression gibt es in vielen Zusammenhängen. In der Verbindung Hund – Hund ist sie normal, im Zusammenspiel Mensch – Hund deutet aggressives Benehmen wieder einmal auf Fehlverhalten des Menschen hin.

Die sogenannte »Leinenaggression« zum Beispiel ist keine echte Aggression, sondern sie beschreibt ein erregtes Verhalten an der Leine, das durch Fehlinterpretation/-verhalten des Menschen entsteht. Wir verhalten uns angespannt, der Hund kann keine ihm angeborene Körpersprache zeigen, er kann nicht flüchten, er ist uns ausgeliefert. Wie würden wir wohl in der gleichen Situation reagieren?

Diesem Schauspiel müssen wir entgegentreten! Weigern Sie sich, auf andere Hunde frontal mit Ihrem Hund zuzugehen, auch wenn ein Trainer Ihnen sagt, dies müsse Ihr Hund lernen. Nein, muss er ganz und gar nicht! Ziehen Sie »höfliches« Verhalten vor; entspannen Sie sich, laufen Sie einen kleinen Bogen, wechseln Sie die Straßenseite oder, wenn es ganz eng wird, nehmen Sie Ihren Hund an Ihre Seite und stellen Sie sich quer, bis die anderen an Ihnen vorbeigegangen sind. Alle Ihre Aktionen und Reaktionen übertragen sich auf Ihren Hund, der ein weitaus besserer Beobachter ist als Sie und als Sie es glauben!

Ihr Hund beißt!!! Oh mein Gott – das wäre wirklich schlimm! Gott sei Dank gibt es nur ganz, ganz wenige Fälle, in denen ein Hund beißt oder gebissen hat.

Knurren und kurzes Schnappen ist das, was in der Regel passiert. Es handelt sich also um distanzvergrößerndes Verhalten, das eine Reaktion fordert. Hier ist etwas falschgelaufen.

Wenn allerdings ein Hund beißt, dann schaut das anders aus: Dann fehlt ein Stück Fleisch und es fließt Blut! Der Abdruck von vier Fangzähnen bedeutet, dass der Hund eben nicht gebissen hat. Denn wenn er beißt, dann reißt er auch.

Für das Verhalten beißender Hunde gibt es zwei Möglichkeiten: Fehlverhalten von uns Menschen, indem wir die Hunde »scharf« gemacht oder sie schlecht behandelt haben, oder beides, oder eine Krankheit, aufgrund derer der Hund sein Beißverhalten nicht steuern kann. Einem solch kranken Hund mit ca. 50 Kilo Gewicht habe ich einen Durchbiss der rechten Hand zu verdanken. Der arme Kerl wurde eingeschläfert, nachdem man in der Tierklinik einen Gehirnschaden diagnostiziert hatte, der u.a. verursachte, dass der Hund hin und wieder, wenn er schluckte, unkontrolliert zubiss. Ich hatte ihm ein Leckerchen gegeben …

Beißende Hunde sind gefährlich und man muss die Besitzer zur Verantwortung ziehen. Leider ist das nicht immer möglich. Achten Sie also drauf, dass Sie Ihren Hund so behandeln, dass er nicht zum Beißer wird – man wird es sonst Ihnen anlasten.

Da Sie aber ein pflichtbewusster »Hundemensch« sind, besteht diese Gefahr sowieso nicht.

Also: Bleiben Sie, wie Sie sind, lernen Sie dazu; aber lassen Sie sich nicht verbiegen – und: Hören Sie auf Ihren »Bauch«!

Ratschläge, die dem Bauchgefühl zuwidergehen, sind oft nur Auswüchse von Leuten, die sich entweder mit irgendwelchen Aktionen einen »Namen« machen wollen oder nicht mehr weiterwissen und deshalb zu kräftigen Mitteln greifen wollen.

5.4 Kastration

Einer dieser berühmten Ratschläge, die nicht im entferntesten etwas mit wissenschaftlicher Erkenntnis zu tun haben, ist, seinen Rüden kastrieren zu lassen, weil er Verhaltensauffälligkeiten zeigt. In der Phase des Erwachsenwerdens wollen vor allem Rüden gerne ihre Position bestimmen. Dies geht mit einem Verhalten einher, das unter uns Menschen nicht nur Freunde findet. Wenn man hier nicht Einhalt gebietet und gut ausbildet, dann werden sich Auffälligkeiten verstärken, und irgendwann kommen wir mit dem Hund nicht mehr gut zurecht. Das ist genau der Punkt, an dem uns der Nachbar, der sich gut mit Hunden auskennt, weil er schon immer Hunde hatte, rät, unseren Hund kastrieren zu lassen, damit er wieder verträglich wird und keine Aggression mehr zeigt. Und weil das nicht nur der Nachbar, sondern auch immer noch so mancher Tierarzt erzählt, gehen wir diesen Schritt. Dass unser neues Tierschutzgesetz in der Fassung von 2010 (aber auch schon vorher) die Kastration ohne medizinische Indikation verbietet, ist vielen egal.

Warum aber entsteht manchmal der Eindruck, die Kastration würde »helfen«? Dies hat mehrere Gründe:

1. Hundebesitzer mit »aggressiven« Hunden fallen nach einer gewissen Zeit in ein Meideverhalten, d.h., sie bewegen sich mit ihrem Hund nur noch dort, wo die Chance relativ gering ist, auf andere Hunde zu treffen.
2. Nach der Kastration wird der Hund eine gewisse Zeit »geschont«.
3. Der Grundumsatz der Nahrungsverwertung verändert sich, sodass relativ schnell hohe Gewichtszunahmen erfolgen.
4. Weniger Bewegung und mehr Gewicht führen zu vermeintlich ruhigerem Verhalten.

Und schon glaubt der Hundebesitzer, sein Tierchen sei durch die Kastration »braver« geworden.

In Wirklichkeit haben wir dem Rüden die Identität genommen, von anderen Hunden wird er nicht mehr als Rüde erkannt, er duftet aber auch nicht nach Hündin, so dass andere Hunde eine Geschlechtsbestimmung mithilfe ihrer Olfaktorik nicht mehr durchführen können und »umschalten« auf ihre Augen. Dies führt nicht selten zu einem vermeintlichen Anstarren des kastrierten Rüden, welcher seinerseits dies als aggressive Geste empfindet und den anderen maßregeln möchte. Auf unserem Hundeplatz haben wir seit vielen Jahren Probleme mit »Raufern« nur, wenn kastrierte Rüden da sind. In den letzten Jahren ist es mir gelungen, die Menschen die bei mir trainieren, zu überzeugen, ihre Rüden nicht mehr kastrieren zu lassen – und siehe da: Abgesehen von kleineren, unblutigen Kommentkämpfen, finden keine Raufereien mehr statt.

Bei kastrierten Hündinnen ist im Gegensatz zu den Rüden die Hormonproduktion nicht vollends eingestellt, sodass die anderen Hunde die Hündin immer noch als solche erkennen und akzeptieren.

Medizinische Indikationen für die Kastration können u.a. sein:

- Hypersexualität (vor allem bei kleinen Rassen)
- Hodenhochstand
- Hodenmissbildungen
- Prostataerkrankungen

- Krebsarten der Harnwege
- Gebärmutterkrebs

Bei Hündinnen führt nach neuen wissenschaftlichen Erkenntnissen die Kastration zu signifikanten Verringerungen der Mammakarzinome und selbstverständlich zum gänzlichen Verschwinden von Gebärmutterkarzinomen.

Dienstag, 27. Oktober 2009

Heute Vormittag um 10.00 Uhr haben wir einen Termin in der befreundeten Tierklinik, um unsere Nicky kastrieren zu lassen. Wieso mache ich, als Kastrationsgegner, genau das? Ich weiß doch ganz genau, dass die Kastration trotz aller heutigen Möglichkeiten für die Hündin ein schwerer Eingriff, verbunden mit einer Vollnarkose ist.

Nicky wurde für eine Vertreterin der Riesenrassen relativ früh (mit 8 Monaten) läufig und war danach in den folgenden zwei Monaten bis August dreimal läufig. Gemeinsam mit dem Tierarzt beschlossen wir die Kastration, da Nicky offensichtlich hier einen »Fehler im System« hatte.

Nicky drei Tage nach der Kastration im Overall, der vor ständigem Belecken der Narbe schützt

Pünktlich um 10.00 Uhr treffen wir in der Tierklinik ein, und Nicky bekommt vom Tierarzt neben ein paar Schmuseeinheiten eine Kanüle gelegt und schläft innerhalb kürzester Zeit tief. Für uns ist es nun Zeit, die Klinik zu verlassen und zu Hause auf den erlösenden Anruf zu warten, dass wir Nicky wieder abholen können.

Um 15.00 Uhr ist es dann so weit; wir können in die Klinik fahren und ihr langsames Aufwachen miterleben. Noch nicht ganz im Besitz ihrer Kräfte, sind die ersten Steh- und Gehversuche nicht von Erfolg gekrönt und wir halten sie sanft aber bestimmt fest. Als sie vollkommen wach ist, trage ich sie ins Auto und wir fahren heim. Zu Hause angekommen, hebe ich sie aus dem Wagen, und um ein Herumspringen zu verhindern, trage ich die mittlerweile 60 kg schwere Hündin ins Haus und lege sie auf einen ihrer Lieblingsplätze.

Nach zehn Tagen können die Fäden, die noch übrig sind, gezogen werden. Von Frauchen bekommt Nicky noch einige Zeit eine Narbenmassage und schon bald springt sie herum wie eh und je.

Eine Folge der Kastration ist, wie schon beschrieben, die Veränderung des Grundumsatzes, was bedeutet, dass auch Nicky trotz einer von mir veränderten Fütterungsmenge erst einmal an Gewicht zulegt. Doch mit etwas Geduld, Bewegung und einer nochmals veränderten Ernährung können wir ihr Gewicht wieder reduzieren und bis heute bewegt sich dieses immer um die 60 kg. Begleiterscheinungen wie z.B. schleichende Inkontinenz, traten Gott sei Dank bei Nicky bisher nicht auf.

6. Der erwachsene Hund

Nun ist eine gewisse Zeit vergangen und Sie haben nicht nur einen ausgewachsenen, sondern einen erwachsenen Hund. Die Spanne, die Sie darauf warten ließ, variiert von zwölf Monaten bis zu drei Jahren je nach Rasse. Und viel Unbill, das Sie erleiden mussten, in der Welpenzeit, der Junghundezeit, in der Zeit des PuMos, wird nun in der Erinnerung zur Anekdote, zum Erlebnis oder zu einer schönen Geschichte, die man gerne erzählt – der Blickwinkel ist genauso wie Ihr Hund ein anderer geworden. Und das ist gut so.

Die Grundregeln der Erziehung jedoch haben sich jedoch nicht geändert! Konsequenz, soziale Intelligenz und Gerechtigkeit sorgen auch jetzt dafür, dass Sie ein wohlwollender Führer und Freund für Ihren Hund sind.

Ihr gemeinsames Betätigungsfeld ist aber ein anderes geworden.

Gemeinsame Sportarten können nun ausgeübt werden: Laufen, Radfahren, Turnierhundesport und vieles mehr, was man erst den ausgewachsenen Knochen unseres Hundes zumuten kann. Und trotzdem sei hier Vorsicht geboten: Man muss auch einen Hund erst trainieren, bevor man ihn Höchstleistungen vollbringen lässt! Vor allem sollte man sich vergewissern, dass sein Hund auch gesund ist, bevor man *mit* ihm Sport treibt. Sie lesen das kursiv gedruckte Wort schon richtig: *mit* ihm! Hunde sind keine Sportgeräte, sondern Säugetiere, die ebenso wie wir verletzlich sind und überbeansprucht werden können!

Als wohlwollender Führer, wie als Halter überhaupt, sind Sie verpflichtet, darauf zu achten, dass Ihr Hund unversehrt bleibt – und das tut er nicht, wenn Sie ihm Dinge abverlangen, die Ihnen, würde man Sie von Ihnen fordern, tief zuwider wären. Ich werde im Folgenden ein paar Sachen herausgreifen, die mir selbst sehr am Herzen liegen und deren Ächtung – wie übrigens in anderen Ländern schon geschehen – hoffentlich auch bei uns nicht mehr lange auf sich warten lässt. Ich hatte in den ersten Kapiteln schon über Strom- und Stachelhalsbänder geschrieben, diese »Hilfsmittel« zähle ich natürlich dazu. Weiterhin nenne ich hier sogenannte »Gentle-Walk-Geschirre«, alle Arten von Würgehalsbändern und unsachgemäße Führung mit »Haltis«.

Das Halti wurde aus den Kopfhalftern der Schweizer Arbeits- und Zughunde entwickelt und wird als ein sanftes Mittel zur Führung von Hunden angeboten, die gerne an der Leine ziehen oder vom Hundeführer abweichen. Allerdings wenden Menschen das Teilchen gar nicht sanft an, sondern immer nur sehr ruppig! Beim Benutzen des Haltis wird ein Ende der Leine am Halsband und das andere am Halti unterhalb des Kinns eingehängt. Wenn der Hund nun zieht oder abweicht, kann man mit einem ganz sanften Zug an dem Teil der Leine, der am Halti hängt, den Kopf des Hundes in eine andere Richtung drehen und ihn so vom Ziehen abhalten. Theoretisch und in ganz erfahrenen, beherrschten Händen funktioniert das auch. Doch habe ich noch keinen Hundebesitzer gesehen, der in der Praxis genau so sanft und beherrscht mit dem Halti umging wie vorgeschrieben. Eine unserer herausragenden Eigenschaften ist nun einmal leider die Ungeduld. Gepaart mit Unbeherrschtheit und Ungerechtigkeit kommt dann das heraus, was wir als Hundeerziehung bezeichnen …

Was will ich damit sagen? Wir Menschen wollen immer, dass alles ganz schnell »funktioniert«, und wir setzen dabei voraus, dass unsere Hunde genauso schnell begreifen, wie wir Menschen; und das nur, weil wir von einigen Leistungen unserer Hunde so angetan sind, dass wir glauben, viele der Aktionen, die wir von unserem Hund verlangen, seien auch für ihn selbstverständlich! Ein weiterer Punkt in unserem Selbstverständnis ist der, dass wir irrtümlicherweise glauben, nur weil unsere Hunde vier Beine haben, könnten sie alles, was mit Körperleistung zu tun hat, doppelt so gut und so lange wie wir. Das ist aber leider grundverkehrt!

Doch zurück zum Halti: Wenn unser Hund an diesem Kopfhalfter hängt, und wir damit wie vorgeschrieben arbeiten, merken wir vielleicht, dass es doch nicht ganz so einfach ist, wie wir glauben, und der Hund weiterhin den ein oder anderen Versuch zu ziehen macht. Anstelle nun konsequent und sanft weiterzuüben, kommt jetzt das »menschliche« Verhalten zum Vorschein: wieder einmal ziehen und reißen wir am Tier herum, ohne uns über die Konsequenzen Gedanken zu machen: Verletzungen der Wirbelsäule im Hals- und Nackenbereich sind die Folge, Vertrauensverlust des Hundes und Angst vor dem Halti, die sich dadurch zeigt, dass sich der Hund dagegen wehrt, es sich anlegen zu lassen. Zu Recht.

Gentle-Walk-Geschirre sind Brustgeschirre, die mit Zugbändern versehen sind, die vom Halsband unter den Vorderläufen bis zur Brust verlaufen. Wenn ein Hund an diesem Geschirr zieht, dann schnürt er sich den Brustkorb durch sein eigenes Verhalten so ein, dass er nicht mehr richtig atmen kann, geschweige denn, sich bewegen. Das Ganze ist überaus schmerzhaft, und wieder einmal glauben wir Menschen, dass der Hund mit seiner Tätigkeit, dem »Ziehen« aufhören würde, wenn er den Schmerz spürt bzw. wenn dieser nachlässt, sobald der Hund sein Verhalten ändert. Dem ist aber ganz und gar nicht so. Schmerzreize veranlassen den Hund dazu, Fluchtreaktionen zu zeigen; er will also nicht bei uns bleiben und locker neben uns herlaufen, sondern nur noch schnellstens weg!!

Allerdings kann man sogar das »abtrainieren«. Dazu haben ein paar irre Tierquäler vor ca. 50 Jahren eine Versuchsreihe entwickelt. Solomon und Wynne[7] sowie Seligman und Maier[8] haben unter dem Deckmäntelchen der Wissenschaft die perversen Versuche zur »erlernten Hilflosigkeit« gemacht, deren Ergebnisse heute noch umstritten sind und nicht nachweisen, dass sie auf menschliches psychologisches (Fehl)verhalten umsetzbar sind. Ich skizziere hier nur ganz kurz einen Versuchsaufbau (es waren drei): Man sperrt einen Hund in eine Box, die durch eine Barriere in zwei Abteile zertrennt ist. Im linken Abteil steht der Boden unter Strom und der Hund kann lernen, durch einen Sprung auf die rechte Seite verschont zu werden. In der Folge drehte man dann den Versuch um und die rechte (bisher verschonte) Seite stand nun unter Strom, sodass die Hunde lernen mussten, wieder auf die andere Seite zu springen. Wir wären allerdings keine Menschen, wenn wir die Anordnung nicht noch weiter pervertieren könnten: Zum Schluss wurden beide Abteile unter Strom gesetzt; mit dem Ergebnis, dass sich die Hunde nach unzähligen, schmerzvollen aber eben auch sinnlosen Versuchen, durch Sprünge zu entkommen, jammernd hinlegten und sich dem Schmerz nicht mehr durch Flucht entziehen wollten (konnten); sogar dann nicht, wenn die Box geöffnet wurde und die Hunde entkommen hätten können.

Während ich diese Zeilen schreibe, habe ich nur einen Wunsch: …

Auf die gleiche Art, nur etwas länger dauernd und mit mehr Wiederholungen versehen, »brechen« manche Menschen ihre Hunde, um dann auch noch zu glauben, das arme Tier »erzogen« zu haben. Dann läuft der Hund kadavergehorsam neben einem her; denkt nicht mehr selbst und traut sich keine eigene Entscheidung mehr zu treffen. Wollen wir das? Wollen Sie das? Ich denke nein.

Also bezwingen wir die Ungeduld und die Herrschsucht in uns und bleiben ein guter Führer für unseren Hund!

Nicht nur schmerzende »Führmittel«; auch manche »Sportarten« zähle ich zu den mir widerstrebenden Dingen im Hundebereich, auch wenn auf den ersten Blick das Ganze nicht nach schlechter Behandlung der Hunde aussieht: Gute Beispiele dafür

[7] R. L. Solomon, L. C. Wynne (1953) »Traumatic avoidance learning: acquisition in normal dogs«

[8] Seligman, Maier (1967) »Learned helplessness«

sind der sogenannte »Schutzdienst«, der Teil C in der Vielseitigkeitsprüfung für Gebrauchshunde oder die übertriebene Agility-Darstellungssucht oder auch das, was so manche Leute mit »Unterordnung« meinen.

Im »Mutterland« des Hundesports, Großbritannien, ist der »Schutzdienst« für zivile Hundeführer verboten, und anstelle dessen haben sich Hundefreunde Gedanken gemacht, ob man nicht das Team – Hund und Hundeführer – mehr in den Mittelpunkt rücken lässt – mit dem tollen Ergebnis, die Sportart »Obedience« einzuführen, die hochqualitative Arbeit auch noch gut aussehen lässt! Das nenne ich mal gelebten Tierschutz!

Denn bei der Ausübung des Schutzdienstes muss der Hund aus vollem Lauf auf den Mann gehen, in den Arm beißen, und nur die wenigsten denken daran, welche Belastungen hier dauernd auf die Halswirbelsäule des armen Tieres einwirken. Und daran ändert auch das ständige Herunterbeten der »Das-macht-dem-Hund-Spaß-Litanei« nichts. Wenn ich dann noch sehe, wie die Menschen ihre Hunde anbrüllen, dann reicht es mir sowieso schon. Andererseits stelle ich mir die berechtigte Frage, wenn die Schutzdienstausbildung schon so toll ist und die Hunde absoluten *Gehorsam* leben, wieso sie dann alle Stachelhalsbänder, vorzugsweise versteckte Stachler, tragen?

Agility, 1977 als Showeinlage auf der weltgrößten Hundeausstellung dargeboten, hat sich dann zu einer weltweit beliebten Sportart entwickelt. Und unter bestimmten Voraussetzungen kann sie dem Hund und dem Halter auch nicht nur Spaß machen, sondern sogar die Gesundheit des Hundes *nicht* beeinträchtigen. *Nicht* beeinträchtigen? Ja, ganz genau. Das Problem ist wieder einmal der Mensch mit seiner Sucht nach dem ersten Platz und der Zuhilfenahme aller Möglichkeiten, diesen ersten Platz zu erreichen. In diesem Fall ist es halt der Hund, der als Werkzeug dient. Ungeachtet der jugendlichen Flexibilität der Knochen, ungeachtet der Belastungen auf die Wirbelsäule und die Hüften, wird der Hund in der Stunde 30-mal über den Parcours gejagt, nur um die Profilierungssucht seines Menschen zu befriedigen. Die Sprünge werden höher und weiter, die Slaloms immer enger und mit vier Jahren liegt der Hund beim Tierarzt oder bei der Physiotherapie, um seine geschundenen Knochen wieder herrichten zu lassen für das nächste Turnier!

In der »Unterordnung« wird nicht selten mit Unterwerfung gearbeitet. Soeben habe ich wieder auf irgendeiner Internetseite eines Hundevereins gelesen, dass im Hunderudel eine strenge Hierarchie herrsche, derer sich alle *bedingungslos* unterwerfen; und wenn wir ein guter Hundeführer sein wollen, dann müssten wir die Führung übernehmen …

Dieses Übernehmen der Führung sieht dann allerdings nur nach ständiger Maßregelung und körperlicher Züchtigung aus.

Warum denke gerade ich so, der mit der Ausbildung von Hunden sein Geld verdient? Ich könnte ja auch mit meiner Meinung hinter dem Berg halten und so tun, als wären bestimmte Ausbildungen für mich ganz »normal«. Aber dann könnte dieses Buch niemals den Titel tragen, den es trägt:

6.1 ... dein ist mein ganzes Herz!

Sein Herz zu verschenken, ist eine ganz besondere Sache. Jeder, der schon einmal verliebt war, weiß davon ein Lied zu singen.

Und ganz ehrlich: Wer könnte den oben gezeigten Blicken widerstehen?

Natürlich handelt es sich hier um eine andere Liebe als zu einem Menschen, mit dem man zusammenlebt, den man vielleicht heiratet. Hier ist die Liebe zum Freund, auch zum Kind, gemeint.

Wenn ein Hund etwas sehr, sehr gut kann, dann ist das, unsere Herzen zu stehlen. Manchmal nur kurzzeitig, um opportunistisch, wie ein Hund nun mal ist, einen Vorteil zu erlangen; manchmal aber auch, um uns ein Leben lang gefangen zu halten in Augen, die so tiefgründig sind wie ein stiller See.

Samstag, 2. Januar 2010

Ein strahlender Wintertag verführt uns, mit den Hunden eine kleine Wanderung zu unternehmen. Es ist kalt und die Luft ist klar, die Sonne wärmt uns trotz der Minusgrade. Unsere Hunde sind glücklich über den Schnee und tollen herum. Immer wieder kommt einer der beiden zu uns, um uns anzustubsen, uns zu animieren, doch ebenso unbeschwert durch den Schnee zu springen. Und natürlich lassen wir uns verleiten; besonders das »Frauli« ist solchen Späßen immer sehr zugetan und die beiden Racker wissen das. Und je mehr die Dame des Hauses mit Enriko herumspringt, umso leuchtender werden seine Augen. Jeder weiß: Die beiden gehören zusammen. Und genau das ist eine der herausragendsten Eigenschaften Enrikos: Er nimmt in Besitz, ohne zu bedrängen, er bewegt sich elegant neben uns, ohne unterwürfig zu sein, er ist gelassen und erhaben in ungewohnten Situationen. Und er ist auf dem besten Wege, bestimmte Verhaltensweisen auch unserer Nicky beizubringen, die nun, ein gutes Jahr später, ebenfalls schon eine überlegene Art ausstrahlt, die sie zum angenehmen Hundefreund für alle ihre »Kollegen« macht. Das Zusammengehörigkeitsgefühl mit unseren Hunden gibt uns so viel Kraft, das Zusammensein mit ihnen so viel Glück, dass wir uns oft denken: »Was machen eigentlich Leute *ohne* Hund?« Und genau dann sind die Momente da, wo wir ganz genau wissen, dass sich die beiden unsere Herzen komplett zu eigen gemacht haben, ohne jedoch zu versäumen, auch die ihrigen herzuschenken!

Der Winter macht uns Freude, wenngleich sich langsam aber sicher die Kälte einschleicht. Gut, dass wir den Hunden die Mäntel angezogen haben, denn der Rückweg ist noch ziemlich weit. Die Hunde lieben übrigens ihre Mäntel, und wohlwissend um ihren Hang zur Wärme, ziehen wir sie ihnen an. Es erklärt sich mir nämlich nicht, wieso ein kurzhaariger Hund ohne bemerkenswerte Unterwolle, Temperaturunterschiede von mehr als 30° Celsius einfach so hinnehmen soll, nur weil wir Menschen glauben, dass das einem Hund nichts ausmacht …

Gott sei Dank haben wir unsere Hunde aber immer so gepflegt – heute sind wir glücklich darüber, – an diesem sonnigen Wintertag konnten wir nämlich nicht im entferntesten ahnen, dass es der letzte Winter mit Enriko gewesen sein sollte.

»… dein ist mein ganzes Herz« kann allerdings auch einige Gefahren bergen. Besonders dann, wenn der Mensch sich nicht bewusst ist, dass in der Liebe nicht nur die hohen Gefühle vorhanden sind, sondern auch Instinkte dazugehören. Das wölfische Erbe sorgt immer noch dafür, dass unsere Hunde auch weiterhin, wie oben schon beschrieben, Opportunisten sind. Das opportunistische Verhalten muss man allerdings auch erkennen und – akzeptieren.

Tut man das nicht, dann kommt das zustande, was ich gerne als »Affenliebe« bezeichne: Menschen tun alles für ihren Hund, vergöttern ihn, um einen Augenblick später inadäquat zu reagieren, nur weil der Hund sich anders verhält, als sie sich das erträumen, oder weil sie sich in einer schwierigen Phase befinden, von der sie glauben, der Hund müsste doch ihre Situation erkennen und auch seine Handlungsweisen danach richten! Einen Moment später aber überhäufen sie ihn wieder mit Liebe, Leckerlis und Streicheleinheiten. Für einen Hund ist dieses Verhalten allerdings nicht liebevoll, sondern inkonsequent und damit nicht tragbar. Das bedeutet wiederum, dass *er* nun dafür sorgen muss, dass alles glattläuft. Nur – was in Hundeaugen glattläuft, muss nicht zwangsläufig mit unseren Vorstellungen im Einklang stehen. Das hat schon mancher bemerkt, als er, nach dem Eintreffen in seiner Wohnung, von seinen Hausschuhen nur noch relativ unkenntliche Relikte gefunden hat.

Wir müssen also einen Weg finden, der es uns ermöglicht, mit den ganzen Schwierigkeiten fertig zu werden, die uns unsere eigene Inkonsequenz auferlegt.

Der einfachste Schritt dazu ist, sich vor den Spiegel zu stellen und sich zu sagen: »Auch wenn es mir schwerfällt – ich werde mich selbst an die von mir aufgestellten Regeln halten und mich davon weder durch Zeitdruck noch durch meine Launenhaftigkeit abhalten lassen!«

Das durchzuhalten, fordert von Ihnen, liebe Leser, gar nicht viel. Zum einen arbeiten Sie mit ihrem Hund nur, wenn Sie Zeit haben, und nicht, wenn Sie in einer halben Stunde beim Zahnarzt sein müssen!

In so einer Situation nutzen Sie die halbe Stunde nur zu einem gemütlichen Spaziergang oder zum Kuscheln.

Zum anderen arbeiten Sie nie mit Ihrem Hund, wenn Sie selbst Stress oder Ärger haben! Sie werden dann sicher launisch und ungerecht; inkonsequent obendrein und damit für Ihren Hund unberechenbar.

In so einer Situation nutzen Sie die Zeit nur zu einem gemütlichen Spaziergang oder zum Kuscheln.

Weiterhin sollten Sie sich nicht an anderen Menschen bzw. deren eventueller Meinung orientieren! »Was sagen wohl die Leute, wenn ich zum Üben für ein anständiges »Fuß gehen« ständig die Richtung wechsle?«, ist ein oft gehörtes Argument. Entweder ist Ihnen dann die Meinung der Leute egal oder aber Sie nutzen in so einer Situation, bis Sie wieder unbeobachtet sind, die Zeit zu einem gemütlichen Spaziergang oder zum Kuscheln …

Wenn sie Ihrem Hund schlussendlich Ihr ganzes Herz geschenkt haben, spätestens dann erleben Sie etwas Wunderbares: Ihr Hund schenkt auch Ihnen sein ganzes Herz! Das Gefühl, das Sie nun spüren, öffnet Ihnen die Türen zu einem neuen, ganz anderen Umgang mit Ihrem Hund!

6.2 Blindes Vertrauen

Auf einmal bekommt die Welt eine andere Farbe. Der Frühling nistet sich bei Ihnen ein, nicht nur für ein paar Wochen, nein er ist auch da, wenn es regnet und schneit! Und woran mag das liegen? Sie sind dabei, mit Ihrem Hund eine Einheit zu werden, mit seinen Augen zu sehen, zu spüren, wenn er etwas merkt, ihm zu zeigen, was Sie sehen, und Ihre Gefühle auf ihn zu übertragen. Vermenschlicht? Verhundlicht? Man kann es drehen und wenden wie man will, es bleibt ein Gefühl, das man nur schwer erklären kann und das manche Menschen nie verstehen werden – um die brauchen Sie sich aber nicht zu kümmern. Wer keine Tiere mag, der wird sich auch schwertun, Menschen zu mögen und ehrlich zu lieben (er wird das nur nie zugeben!). Umgekehrt gilt aber auch: Wer nur die Tiere liebt und nicht die Menschen, der ist ebenso gefühlskalt; halt nur unter dem Deckmantel der Tierliebe. Ausgewogenheit ist, wie in so vielen Bereichen, ausschlaggebend! Vergessen Sie nie, dass Sie ein Mensch sind; alleine deswegen denken und lieben Sie auf immer wie ein Mensch, Ihr Hund tut das Gleiche wie ein Hund.

Was ich hier in diesem Buch und in meinem Leben nicht gelten lasse, ist die Aussage, Hunde (Tiere) könnten Gefühle wie Liebe nicht empfinden; dazu sei nur der Mensch fähig. Lieber Zweifler, woher nimmst du die unglaubliche Überheblichkeit, zu denken, nur das Säugetier »Mensch« sei in der Lage, tiefe Gefühle zu empfinden? Weil es in der Wissenschaft bis vor Kurzem noch modern war, den Tieren alle Empfindungen abzusprechen? Weil die katholische Kirche sich vehement weigert, Tieren eine Seele zuzusprechen? Weil wir die »Krone« der Schöpfung sind und uns die Erde »untertan« machen sollen?

So wie ich das sehe, hat der Schöpfer aber auch nicht gedacht, dass wir mit »untertan machen« die Vergiftung der Flüsse, die Verschmutzung der Luft, die Abschmelzung der Polkappen, das Einpferchen von Hühnern in Mini-Käfige und das Tragen von Stachelhalsbändern bei Hunden meinen.

Dienstag, 20. Juli 2010

Einer der schönen Tage, die in diesem Sommer nicht verregnet waren. Meine Frau ist mit Enriko wieder einmal auf »Abenteuerreise«, während Nicky, mein Arbeitshund, mit mir unterwegs ist, um die Teilnehmer eines sommerlichen Hundekurses zu »quälen«.

Abenteuerreise heißt, dass Enriko mit dem Frauli Wege geht, die nicht von allen Leuten begangen werden, dass man einsam zweisam ist, dass die Taschen von Leckerlis überquellen und man aus einer gemeinsamen Flasche Wasser trinkt. Abenteuerreise heißt aber auch, sich wortlos verstehen, aufeinander achten, warten, ob der andere nachkommt und Blickkontakt halten. Abenteuerreise bedeutet, die ganze Welt draußen zu lassen, niemandem Einblick zu geben in diese unendliche Innigkeit, die es auch nicht zulässt, noch jemanden teilhaben zu lassen.

Wenn ich, was selten der Fall ist, bei der Abenteuerreise dabei bin, dann stellen wir alle fest: Es ist keine Abenteuerreise, sondern ein ganz normaler Spaziergang. Also heißt das für mich: Nicht stören, den beiden die Momente zu lassen, die nur ihnen gehören, und danach zu spüren, dass beide ihre »Tanks« wieder voll aufgefüllt haben für die Welt, in der wir anderen auch wieder unseren Platz haben.

Das Ende der Abenteuerreise bildet dann meistens der Besuch bei mir auf dem Hundeplatz, wo Enriko dann seine andere Seite zeigt: »Bitte, bitte lass mich mitarbeiten!«

Natürlich lasse ich ihn auch mitmachen; er darf Kommandos vorführen, bei mir an der Seite gehen und natürlich seine Leckerlis empfangen. In seinen wunderschönen Augen leuchtet es, und ich liebe ihn, wie man nur lieben kann. Und schon ist Nicky da und will in ihrer ungestümen Art auch mitarbeiten und auch sie blitzt mich an und ich weiß, wie bei meinen Kindern: Ich liebe beide gleich stark.

Natürlich bekommt man die Liebe, die man dem Hund gibt, wieder zurück. Vorausgesetzt, man meint es ernst und liebt nicht nur den Moment, der gerade sehr schön ist. Ich meine damit, dass unsere Liebe nicht dort enden darf, wo wir mit dem Hund nicht mehr »glänzen« können oder wo unangenehme Dinge passieren. Sie müssen Ihren Hund auch lieben, wenn er Ihnen die Wohnung vollkotzt oder wenn er mit unkontrolliertem Durchfall die Wohnzimmerteppiche verziert. Ihr Hund macht so etwas niemals »absichtlich«. Sie können ihn auch nicht schimpfen, weil er sich nicht gemeldet hat. Denken Sie einmal daran, als Ihnen selbst eine der oben angeführten Unpässlichkeiten das letzte Mal passiert ist: Da haben Sie auch nicht die Zeit gefunden, Ihrem Partner, Eltern oder Kollegen Ihre Absicht mitzuteilen, oder?

So haben wir als Menschen nur die Möglichkeit, wieder alles sauber zu machen.

Winter 2009/10, eine Nacht während der Woche

Wir gehen ins Bett; ich habe die Hunde nochmal in den Garten gelassen, »Pipi« machen, noch ein wenig schnuppern und dann ab ins Schlafzimmer und den Schlaf der Gerechten schlafen. Die Hunde kuscheln sich auf ihren Matten in ihre Decken und wir sinken binnen Minuten in Morpheus' Arme.

Circa um zwei Uhr nachts wache ich auf. Mein Olfactus teilt mir mit, dass irgendetwas nicht dem Normalzustand entspricht. Genauer gesagt, dass irgendetwas s e h r anders als normal ist. Ich setze mich im Bett auf, noch schläft meine Frau, auch Enriko liegt da und rührt sich nicht. Aber wo ist Nicky??? Eine furchtbare Ahnung steigt in mir auf, umgeben von einem unbeschreiblichen Geruch, der mir fast die gerade erwachenden Sinne nimmt …

Ich stehe im Dunklen auf und schalte erst nach Erreichen der Schlafzimmertüre im Gang das Licht ein. Und dann sehe ich es:

Ein gut 60 Kilo schwerer Hund hatte Durchfall.

Rechts von der Schlafzimmertür, am Ende des Ganges, eine weitere Türe, Gott sei Dank verschlossen. Wenn man schräg nach links schaut, sieht man in etwa drei Metern die Tür zum Bad, wo ich hin muss, um Wasser zu haben, und direkt gegenüber der Badezimmertüre eine kleine Abstellkammer, deren Inhalt ich mir gerade ins Schlafzimmer wünsche: Eimer und Wischmop sowie Küchenrolle und Mülltüten. Der gesamte Zwischenraum ist mit einer braunen Brühe ausgefüllt und Spritzer derselben bedecken die Wände bis auf einen Meter in der Höhe. Genau in dem Moment fällt mir ein, dass ich zu den Menschen gehöre, die keine Gummistiefel im Schlafzimmer aufbewahren. Am anderen Ende des Gangs steht mit tieftraurigem und leidendem Blick meine Nicky, die liebend gerne draußen ihr Problem gelöst hätte. Nicht meinem stinkenden Haus gilt nun meine Aufmerksamkeit, sondern der armen, traurigen Nicky, die für die ganze Misere nichts kann.

In dem Moment wacht meine Frau auf und erriecht mit einem Atemzug, was los ist. Ich sage nur noch: »Du willst nicht sehen, was hier passiert ist; kümmere dich um Enriko und bleib unter allen Umständen hier drin!«, und muss dann todesmutig barfuß dorthin, wo ich nie hinwollte. Ich schließe noch schnell die Schlafzimmertüre, greife mir eine Küchenrolle und einen großen Müllsack und beginne mit den Aufräumarbeiten. Gott sei Dank gibt es Desinfektionsmittel und Seife für meine Füße!

Nur das Gröbste schnell weggemacht und sofort meinen armen Hund in den Garten gelassen, wo das ganze Übel noch einmal weiterging, um sich dann so schnell, wie es gekommen war, wieder zu verabschieden. Ich gebe einem toten Fisch die Schuld, dem wir beim nachmittäglichen Spaziergang begegnet waren.

Nicky in den Korridor auf ihre Matte gelegt und weitergeputzt.

Wir lieben warme Füße. Deshalb haben wir auch eine Fußbodenheizung. Muss ich noch ins Detail gehen?

Um vier Uhr morgens bin ich mit Putzen fertig, unzählige Räucherstäbchen und zwei Sprayflaschen Desinfektionsmittel habe ich verbraucht und nun zieht langsam ein grausiges Duftgemisch durch die geöffneten Fenster und Türen nach draußen ab. Die Wände muss ich noch neu streichen.

Habe ich in den oben beschriebenen Momenten meine Nicky weniger geliebt, als tagsüber, wo sie mit mir arbeitet? Sicher nicht – ganz im Gegenteil: Sie war so hilflos und brauchte mich, sie war doch krank! Und natürlich vertraute sie auf mich, denn seitdem sie bei uns war, wusste sie, dass ich sie nicht enttäuschen würde – wie alle unsere Hunde wussten und wissen, dass das nicht geschehen würde. Lange mussten wir Menschen, Manu, meine Frau, und ich, lernen, bis wir in der Lage waren, so zu leben, dass wir der Verantwortung, die wir tragen, gerecht werden.

Was gehört nun zu dieser Verantwortung, von der ich spreche? Dazu müssen wir uns über einige Tatsachen klar werden, die allerdings immer wieder andere der aufgeführten Punkte implizieren und somit unabdingbar voneinander abhängig sein können:

1. Unser Hund kann vor einer Dose oder einer Box mit Futter verhungern, weil er beides nicht öffnen kann.
2. Er kann verdursten, weil er den Wasserhahn nicht betätigen kann.
3. Er ist darauf angewiesen, von uns richtig ernährt zu werden.
4. Er ist darauf angewiesen, von uns gepflegt zu werden.
5. Wir sind verpflichtet, mit ihm zum Tierarzt zu gehen, wenn es ihm schlecht geht.
6. Wir müssen mit ihm angemessen spazieren gehen.
7. Wir müssen darauf achten, dass ihm Kälte und Hitze nicht schaden.
8. Wir müssen mit ihm beherrscht umgehen.
9. Wir haben sein Bedürfnis nach Nähe zu befriedigen.

Mit der Tatsache, dass wir einen Hund bei uns haben, beginnen neben den schönen Liebesbezeigungen, die wir erhalten, auch Verpflichtungen, für die wir keinen Dank erwarten sollen und dürfen!

Hierzu gehört das Füttern und das Wasser geben. Weil der Hund in diesen Bereichen von uns abhängig ist und es eine Pflicht ist, ihn zu füttern, muss er sich bei uns auch nicht »bedanken«. Erwarten Sie das auch nicht von ihm!!

Ernähren Sie Ihren Hund richtig! Damit meine ich, Sie sollen ihm nicht nur Hundeerhaltungsmittel füttern, sondern Sie sollen ihn hundegerecht *ernähren*! Wissen Sie, was ich in den vielen Jahren, in denen ich mich mit Hunden beschäftige, festgestellt habe? Die meisten Menschen wissen nicht einmal wie das Futter heißt, das sie ihrem Liebling täglich in die Schüssel legen! Und die Inhaltsstoffe sind sowieso Fremdwörter. Auf die Frage: »Was füttern Sie Ihrem Hund?« ist die meistgegebene Antwort: »Es ist so ein grüner Beutel« oder »Ich kaufe es bei dem ... Discounter oder bei dem ...«

Neulich habe ich Mineralwasser geholt, und vor mir stand eine Dame, die den ganzen Wagen mit reinen »Bio«-Produkten und Hundefutter voll hatte. Bio für den Menschen und das billigste, was der Laden zu bieten hatte, für den Hund. Das ist in meinen Augen eine Schweinerei. Wir wollen für uns abwechslungsreiche und gesunde Kost und das uns anvertraute Tier wird mit billigen tierischen und pflanzlichen Nebenerzeugnissen vollgestopft. Anderes Futter ist so »teuer«. Aber dann behaupten, man »liebe« sein Tier ... Ich empfehle in solchen Fällen, sich doch eher ein Stofftier zuzulegen, das frisst gar nichts.

Sie als verantwortungsvoller Hundefreund jedoch füttern Ihren Hund gesund, mit Ballaststoffen, ohne ihn mit Getreide zuzustopfen, mit anständigem Fleisch und allen Mineralstoffen und Spuren- sowie Mengenelementen, die er braucht. Ich will hier auch nicht diskutieren, ob das mittlerweile sehr modische »Barfen« oder das Verfüttern von Fertignahrung oder eine Mischung aus beidem am besten ist. Die Hauptsache ist, dass Sie sich Gedanken darüber machen und an geeigneter Stelle nachfragen, wenn Sie etwas nicht wissen. Mittlerweile gibt es einige Stellen, die Ihnen helfen und zum Beispiel Ernährungspläne für Ihren Hund erstellen. Hier wird man ihnen auch sagen können, welche Inhaltsstoffe ihren Hund »glücklich« machen. Ganz besonders erwähnenswert ist hier eine essentielle Aminosäure namens Tryptophan, die im Körper zu dem Hormon Serotonin umgewandelt wird und stimmungsaufhellend wirkt. Tryptophan muss allerdings zuerst die Blut-Hirn-Schranke überwinden, um »tätig« werden zu können. Hierbei gilt es zu beachten, dass Tryptophan einen »Gegenspieler« hat, der verhindert, dass es die Blut-Hirn-Schranke überwinden kann; eine »schnellere« Aminosäure, nämlich Tyrosin. Tyrosin wirkt aggressionssteigernd und erhöht das Stressverhalten und ist in der Lage, die Blut-Hirn-Schranke schneller zu überwinden als Tryptophan; es verschließt sie sogar für Tryptophan. Stark tyrosinhaltig und damit in der Ernährung kontraproduktiv ist Mais, der deshalb aus der Zutatenliste für Hundefutter gestrichen werden sollte.

Beachten Sie: Das Verhalten Ihres Hundes hängt unabdingbar mit seiner Ernährung zusammen!

Ca. 40 Prozent aller Hunde sind laut einer Studie zu fett. Dies deckt sich mit den Ergebnissen von David B. Allison von der University of Alabama.[9]

Gerade minderwertiges Futter in Verbindung mit Überfütterung ist verantwortlich für das Desaster der dicken Hunde. Denken Sie daran: Ihr Hund hat die richtige Figur, wenn Sie beim Streicheln der Seite ohne Druck die Rippen spüren können!

Und hören Sie nicht auf das Gequatsche von Leuten, die Ihnen erzählen wollen, Ihr Hund sei zu dünn und er brauche doch etwas »auf den Rippen«. Braucht er nicht!

Schauen Sie sich mal in Ihrem »Hundebekanntenkreis« um: Bestimmt finden Sie da den einen oder anderen Labrador, der mehr rollt als er geht. Glauben Sie, das macht dem Hund Spaß??? Oder meinen Sie, er genießt es, wenn er herumtoben will, dass er nur ein paar Minuten durchhält, bevor er anfängt zu japsen und zu hecheln? Sind Sie der Ansicht, er ist glücklich darüber, wenn ihn die Knochen bei jedem Schritt schmerzen, weil sie so viel Gewicht tragen müssen?

Ich denke, Sie wollen das alles nicht. Also achten Sie auf das Gewicht Ihres Hundes und wiegen Sie ihn auch regelmäßig! Sie sollen ihn nicht »schätzen« sondern wirklich wiegen. Bei jedem Tierarzt finden Sie eine Hundewaage und bis zu einer bestimmten Größe können Sie den Hund auch auf den Arm nehmen und sich mit ihm wiegen und danach ohne ihn.

Auf jeden Fall ist es unerlässlich, dass Sie w i s s e n, wie viel Ihr Hund wiegt. Auch müssen Sie wissen, wie viel Ihr Hund täglich zu fressen bekommt – nicht nur »Pi mal Daumen«, sondern exakt in Gramm!

Und da haken wir auch gleich wieder ein: Sie müssen noch viel mehr über und von Ihrem Hund wissen, ebenso gibt es einiges, das Sie tun müssen:

- Wann wurde er geimpft und was wurde geimpft?
- Einmal jährlich: Sind seine Blutwerte in Ordnung?

[9] David B. Allison, Animals living with or near people fatter (27. November 2010), University of Alabama, Birmingham, und: Virbac.ch »Übergewicht bei Hunden und Katzen«

- Sind die Ohren sauber?
- Sind die Krallen in Ordnung? (Krallen sollten Sie nur schneiden (lassen), wenn sie bei einem aufrecht stehenden Hund den Boden berühren).
- Bürsten Sie Ihren Hund oft genug?
- Sind seine Zähne frei von Zahnstein, Zahnfleischbluten, Epuliden?
- Hat er Mundgeruch?
- Stinkt Ihr Hund oder hat er nur den (in meinen Augen) angenehmen Hundegeruch?
- Schuppt seine Haut?
- Haben Sie für Zecken-/Parasitenschutz gesorgt?
- Zeigt Ihr Hund Auffälligkeiten im Gangwerk, im Bewegungsablauf oder im Verhalten?
- Schläft er ausreichend bzw. lassen Sie ihn ausreichend schlafen?

Die Liste lässt sich noch ausweiten und über einige Dinge werden wir hier auch noch in der Folge diskutieren.

Die letzten zwei Seiten haben sich nur mit der Ernährung und Pflege befasst; doch weiter oben habe ich ja noch einige Punkte angeführt, sodass als Nächstes das Thema »Tierarzt« besprochen werden muss.

Abgesehen davon, dass Sie sich einen Tierarzt suchen sollten, zu dem Sie Vertrauen haben können, müssen Sie darauf achten, einen wirklich kompetenten Partner zu finden, der sich mit den Problemen, die auf sie zukommen können, bestens auskennt. Ich meine damit, es gibt viele kompetente Tierärzte, die sich z.B. auf Großtiere spezialisiert haben; dort sind Sie mit den Sorgen eines Chihuahuas nicht unbedingt der vorrangigste Kunde. Also heißt die Devise: sich umhören, fragen und Tierärzte besuchen und sich vorstellen; bald merkt man, wo man hingehen möchte.

Der Tierarzt muss auch auf Ihre Wünsche eingehen und nicht nur das tun, was er immer schon gemacht hat.

Ich weiß von einem Tierarzt, der sich weigert(e) Blutbilder zu machen, wenn es der Besitzer wollte. Warum nur? Zwei Möglichkeiten gab es: Er konnte das Blut nicht nehmen, weil er nicht »stechen« konnte oder er konnte das Blutbild nicht richtig interpretieren; was übrigens laut Aussage eines Professors aus der Tiermedizin relativ oft vorkommt. Dort würde ich mich nicht gut aufgehoben fühlen, denn ein kategorisches »Nein!« auf einen Wunsch meinerseits zeigt neben mangelnder Kompetenz auch mangelndes Einfühlungsvermögen.

Andererseits müssen Sie als Hundeführer dafür sorgen, dass es Ihrem Hund an nichts fehlt! Dazu gehören regelmäßige Tierarztbesuche und Checks, Entwurmungen und Impfungen, sowie sofortige Tierarztbesuche, wenn Sie feststellen, dass es Ihrem Hund nicht gut geht und Sie das nicht einem Auslöser zuordnen können. Wenn Ihr Hund nicht aufstehen will und nur ganz matt herumschleicht, dann scheuen Sie sich nicht, den Tierarzt aufzusuchen, und machen Sie keine Versuche, selbst zu medikamentieren. Natürlich gibt es kleinere Krankheiten, die immer wieder einmal auftreten können und wegen derer man nicht sofort zum Tierarzt muss. Dazu gehören leichte, einmalig auftretende Durchfälle oder Erbrechen, oder auch ein kurzfristiges Hinken, weil der Hund – so wie es auch bei uns passiert – sich »vertreten« hat.

Wenn allerdings Symptome länger oder stärker auftreten, dann wird nicht mehr lange überlegt, sondern sofort zum Tierarzt gefahren!

Und denken Sie nicht darüber nach, wie teuer das wohl wieder werden wird – eingangs hatte ich Ihnen schon beschrieben, womit Sie rechnen müssen, wenn Sie einen Hund halten.

Dienstag, 12. Januar 2010

Ein kalter Wintertag, für den wir uns – wieder einmal – etwas Besonderes vorgenommen haben: Tierarztbesuch zum Impfen und durchchecken. Wir wissen, was kommt, die Hunde noch nicht …

Halb neun: »Alles einsteigen!«

Ungläubige Blicke von den Hunden: »Wie bitte? Schon wieder Gassi gehen? Wir waren doch erst unterwegs! Aber bitte – etwas zu unternehmen liegt ganz in unserem Sinne!«

Also, die beiden Süßen in das Heck des Geländewagens gepackt und ab geht's in Richtung Tierarzt, zu dem wir etwa 20 Minuten fahren müssen.

Während der Fahrt sehe ich im Spiegel durch das Gitter zwei munter hechelnde Hunde hinter mir stehen; mit wachen Augen und glänzender Nase sowie schräg gestellten aufmerksamen Ohren.

Kaum biegen wir jedoch in die Straße zum Tierarzt ein, da werden die Äuglein kleiner und beide Hunde begeben sich aus dem erwartungsvollen Stand in ein eher gleichgültiges »Herumliegen«. Natürlich haben sie wieder einmal gemerkt, wo wir nun angekommen sind. Und obwohl unser Tierarzt äußerst liebevoll mit jedem seiner Patienten umgeht, mag ihn Enriko nicht (mehr), seit dem er ihm im zarten Alter von knapp sechs Monaten die Schulter eingerenkt hatte.

Wir parken ein und ich öffne die Hecktüre. Normalerweise benutze ich dann das Kommando »Bleib!«, um die Hunde so lange im Auto zu halten, bis ich ihnen die Geschirre umgelegt habe. Hier, beim Tierarzt, ist das gaaanz anders. Ich öffne also die Türe und muss einen nach dem anderen erst einmal in das »Steh!« befördern, dann die Geschirre anlegen und dann mit einem »Hopp, aussteigen!« aus dem Auto bugsieren. Manu führt Enriko, ich Nicky. Freiwilliges Mitgehen funktioniert, aber die Ruten beider Hunde (Enriko hat Nicky angesteckt, denn ihr hat der liebe Onkel Doktor nun wirklich noch nie etwas getan) schauen beinahe vorne unter den Schnauzen wieder heraus. Anwesende Hunde-, Katzen-, Meerschweinchen- und sonstige Tierbesitzer können sich alle das Grinsen nicht verbeißen angesichts 75 und 65 Kilo Hund, die in Bodennähe am Fuß gehen. Was sage ich »gehen«, es ist mehr ein geducktes Schleichen. Wir müssen nur kurz warten, dann können wir ins Sprechzimmer. Gleich links vom Eingang steht dort die Hundewaage, die nicht nur Hunde sondern auch Herrchen wiegen kann. Sofort gehen die Hunde nacheinander auf die Waage, in der festen Überzeugung, nach dem Wiegen endlich die grausamen Hallen wieder verlassen zu können. Als sie merken, dass es damit heute nicht getan ist, gehen die Ruten gleich wieder zwischen die Hinterläufe. Mit der Unterstützung guter Worte bugsieren wir die beiden zum Behandlungstisch, wo sie dann abgehört, abgetastet, abgeschmust und begutachtet werden. Den Höhepunkt bildet die Impfung, die aber dank der Einfühlsamkeit des Tierarztes gänzlich unbemerkt bleibt. Mit der Gabe des Abschlussleckerlis, das die beiden entgegen ihrer sonstigen Gewohnheit sofort ausspucken, ist ihnen klar, dass der Besuch beendet ist, und mit durchscharrenden Pfoten streben die Hunde an allen anderen Leidensgenossen vorbei Richtung Auto. Ich öffne die Tür und unsere Lieblinge sind schneller als der Schall wieder im Fahrzeug. Tür zu und noch mal zum Doktor, um die Rechnung zu bezahlen.

Kaum sind wir aus dem Hof draußen auf der Straße, sind die Hunde wieder vollkommen normal. Welch ein Wunder.

Und weiter geht es in der Liste: Wir müssen mit unserem Hund angemessen spazieren gehen. Was ist nun angemessen? Ein dehnbarer Begriff für eine wichtige Tätigkeit, für die »Highlights« im Hundeleben! In der Tierschutz-Hundeverordnung (TierSchHuV) steht:

> »Auslauf und Sozialkontakte sind der Rasse, dem Alter und dem Gesundheitszustand des Hundes anzupassen.«[10]

[10] Bundesministerium für Ernährung, Landwirtschaft und Verbraucherschutz, TierSchHuV vom 01.09.2001 mit Gültigkeit ab 19.04.2006

Wie lange würden Sie mit einem 6-jährigen Chinese Crested Dog mit Milbenbefall im rechten Ohr Gassi gehen? Und: Darf er den Nachbarshund begrüßen?

Auf Zuschriften mit fehlerfreien(!) Antworten würde ich mich freuen ...

Und wieder einmal sehen wir, dass Verallgemeinerungen in der Hundeerziehung absolut nichts bringen. Warum ist das so? Ganz einfach: Weil der Hund ein Individuum ist und keine Maschine! Und genau deshalb sollten wir ihn auch als Individuum behandeln!

Für unseren Chinese Crested Dog im Beispiel heißt das: Begegnung mit dem Nachbarshund ist verboten, weil er ihm Milben im Spiel übertragen könnte. Milbenbefall ist für den Hund – wie jeder Parasitenbefall – auf den ersten Blick nicht groß behindernd. Auf den ersten Blick – in Wirklichkeit jedoch ist es für den Hund sehr belastend, unter den Tierchen leiden zu müssen! Deshalb ist der Tierarztbesuch unumgänglich und solange der Hund noch nicht vollständig von den Milben befreit und gesund ist, sollte er auch körperlich nur mäßig belastet werden. Aufgrund dessen würde ich mit so einem Hund morgens 20 Minuten und nachmittags maximal eine halbe Stunde Gassi gehen und ihn ansonsten nur kurz hinauslassen, um seine »Geschäfte« zu erledigen. Denken Sie einmal daran, wie es ist, wenn Sie selbst eine kleine Unpässlichkeit haben; da tut frische Luft und Bewegung gut, aber halt auch nur in begrenztem Umfang; am liebsten hält man sich im Bett oder auf der Couch auf, wohlumsorgt und leidend ... Glauben Sie mir: Für einen Hund ist das nicht anders!

Bei einem gesunden Hund können Sie die Spaziergänge natürlich deutlich ausweiten. Denken Sie nur immer dran, was Ihrem Hund gut tut – nicht was Sie *glauben*, dass es ihm gut tut!

Hunde müssen ebenso wie wir erst einmal trainiert werden, um höhere Leistungen zu erbringen. Umgekehrt ist es so, dass Ihr Hund, wenn Sie ihn den ganzen Frühjahr und Sommer hübsch auftrainiert haben (20 km am Rad usw.), danach auch im Herbst und Winter verlangt! Genau dann aber wollen und können Sie es ihm oftmals nicht mehr geben – die aufgestaute Power muss sich aber entladen, – und Verhaltensänderungen, die nicht erwünscht sind, sind vorprogrammiert. Auch werden verschiedenen Rassen immer wieder Eigenschaften zugesprochen, die aber eben auch nicht pauschalisiert werden können und auch nicht immer in der Masse zutreffen, wie wir es glauben.

Ein Beispiel sei hier die viel zitierte Fitness- und Lauf- sowie Arbeitslust der Border Collies. Weil die Hütehunde so toll arbeiten können und wollen, weil Sie mit ihren Herden Strecken zurücklegen, die größer sind als bei manch anderem

Hund, glauben viele Besitzer dieser Rassehunde, sie hätten einen Olympioniken neben sich, dem man unbegrenzt Leistung abverlangen könne. *Dem ist nicht so!!* Suchen Sie sich einen Schäfer, der effektiv an der Herde mit Border Collies arbeitet und beobachten Sie ihn und die Hunde. Die Hunde benehmen sich artgerecht und sie bewegen sich genauso viel, wie es notwendig ist und nicht mehr! Und der Schäfer wird den Teufel tun, seinen Tieren mehr als notwendig abzuverlangen. Ganz anders bei so manchem »Hundesportler«! Da glaubt man allen Ernstes, dem Hund würde es »Spaß« machen, was man ihm abverlangt, nur weil er sich nicht weigert und kaum Ermüdungserscheinungen zeigt.

Die Umgebungsvariablen sind außerdem unbedingt mit in Betracht zu ziehen, wenn man »gut« mit seinem Vierbeiner umgehen will: Hitze und Kälte sind zwei naturgegebene Temperaturzustände, mit denen wir Menschen, aber auch Hunde, nur begrenzt zurechtkommen. Wir sind also verpflichtet, auch in diesem Bereich Verantwortung zu übernehmen und Maßnahmen zum Schutz vor Hitze und Kälte zu ergreifen, die der Hund von sich aus nicht durchführen kann. Wenn es übermäßig heiß ist, muss man dem Tier eine Möglichkeit schaffen, sich abkühlen zu können. Der Hund kann sich durch Schwitzen nicht abkühlen, da er außer zwischen den Zehen und an der Nase keine Schweißdrüsen hat, mit denen er die Temperatur regulieren kann. Die Funktion des »Kühlers« übernimmt bei ihm die Zunge, die feucht gehalten ist und beim schnellen Ein- und Ausatmen die Luft kühlt bzw. Wärme abgibt (Hecheln). Dieses System funktioniert aber nur begrenzt, da es außentemperaturabhängig ist. Wenn Sie also Ihren Hund im Auto lassen, das im Sommer draußen steht, dann sollten Sie mit folgendem rechnen: An einem heißen Tag erhöht sich die Temperatur im Auto durchschnittlich um 1 Grad je Minute bis hin zu 70 Grad und mehr; also in einen für Mensch und Hund tödlichen Bereich. Wir haben das mit einem elektronischen Temperaturfühler (Fleischgabel mit Thermometer) in einem Mittelklassewagen mit dunkelgrüner Außenfarbe unter normalen Sommerbedingungen, also nicht im Labor, gemessen. Es handelt sich um beinahe »sauna-ähnliche« Zustände; denken Sie darüber nach, wie lange Sie selbst in der Sauna aushalten!

Hunde haben selbst bei dem berühmten »geöffneten Fensterspalt« kaum eine Chance, dem Hitzetod bei längerem Aufenthalt im Auto in der Sonnenhitze zu entgehen; Schatten ist übrigens nur ein kurzer »Verzögerer«!

Lassen Sie im Sommer Ihren Hund nicht alleine im Auto!!!

Und an unerträglichen »Hundstagen« verschaffen Sie ihm Erleichterung, in dem sie ihm die Möglichkeit geben, an kühlen Stellen zu liegen; Sie können ihn auch (wenn er das mag) schwimmen lassen oder ihm nasse Handtücher über den Körper legen. Es gibt sogar Kühlmäntel für Hunde, die das Tier über die Verdunstungskälte herunterkühlen. Meine Hunde haben solche Mäntel, und sie lieben sie, weil sie damit sogar im Hochsommer beschwerdefrei herumtollen können! Achten sie aber in jedem Fall darauf, dass der Hund auch nicht zu lange der direkten Sonneneinstrahlung ausgesetzt ist – auch Hunde können Sonnenbrand oder einen Hitzschlag kriegen!

Abgesehen davon, dass meiner Meinung nach ein Hund nicht in den Zwinger gehört, muss man ihm für den Fall, dass er oft draußen ist, die Möglichkeit von Schatten und Wasser im Sommer und von Wärme und Wetterschutz im Winter geben. Dazu ist zu beachten, dass auch im Winter frisches Trinkwasser immer zur Verfügung stehen muss; es hilft gar nichts, wenn eine Schüssel mit Eis vor der Hundehütte steht! Wie schon beschrieben, befinden sie sich auf dem Holzweg, sollten Sie glauben, ein Hund würde die Kälte nicht genauso spüren wie Sie! Das Fell schützt nur begrenzt, und Hunde ohne Unterfell oder gar gänzlich ohne Fell, sondern mit Haaren (Pudel etc.) frieren sehr schnell. Mein Augenmerk liegt hier vor allem darauf, dass die Oberfläche des Hundes schnell auskühlt, und wenn er dann auch noch läuft und springt, während die Muskulatur kalt ist, sind ständige kleine Muskelfaserrisse vorprogrammiert. Das muss man seinem Hund nicht antun! Bis er sich also durch Bewegung erwärmt hat, sollte man ihm ruhig, zumindest für die ersten 10 Minuten des Spaziergangs, einen Mantel anziehen; bei längeren Spaziergängen oder Wanderungen gibt es spezielle Outdoorausrüstung auch für Hunde; auch spezielle Schuhe gibt es dafür!

Langsam werden Sie sich fragen, ob ich noch ganz normal bin: Kein Fell – aber Haare, Schuhe für den Hund?!? Als ob das Tragen eines Mäntelchens nicht schon schlimm genug wäre!

Also, der Unterschied zwischen Fell und Haaren ist landläufig so definiert: Wenn Ganzkörperbehaarung vorhanden ist, dann spricht man von Fell; ist dieses auch noch kurz und sehr dicht, dann spricht man von Pelz. Wichtigstes Merkmal allerdings ist, dass Fell an jeder Körperstelle eine exakt definierte Länge und Farbe hat und bei Erreichen der vorgegebenen Länge aufhört zu wachsen. Haare hingegen wachsen stetig weiter und das ist auch der Grund, warum z.B. Pudel geschoren werden *müssen*! Das Verfilzen der Haare ist für den Hund eine echte Qual und die wollen wir ihm doch ersparen. Pudel unterliegen deshalb auch keinem Fellwechsel und sie haben keine Unterwolle. Darum fühlt sich dieser Hund im Winter auch so, wie wenn Sie ohne Ski-Unterwäsche zwei Stunden am Berg in der Kälte stehen.

Sollten Sie bisher auch zu den Menschen gehört haben, die sagen: »Ich ziehe meinem Hund keinen Mantel an, das sieht ja lächerlich aus; früher hatten die Hunde das auch nicht!«, so werden Sie jetzt langsam erkennen, dass es wieder mal nicht um den Hund geht, sondern ausschließlich um unsere Befindlichkeiten und unsere Selbstdarstellung. So stelle ich mir aber Verantwortung für ein Wesen nicht vor! Zumal der Hund in den letzten Generationen noch mal eine wahnsinnige Veränderung durchgemacht hat: Hunde waren noch vor 50 Jahren wesentlich mehr gewöhnt als heute; sie wurden nicht mit auf Reisen, in die Stadt und in den Urlaub genommen (den sich der normale Hundehalter eh nicht leisten konnte), sondern verblieben unter Aufsicht der Verwandtschaft oder Bediensteten auf dem Hof. Dort waren sie nicht oder nur sehr selten in der Stube, sodass sie sich ihre warmen Plätze in den Ställen und Stadeln selbst suchen mussten. Mittlerweile leben die Hunde bei uns im Haus – und das ständig; es gibt auch keinen Grund mehr, sie nur draußen zu lassen. Hunde sind für uns und unsere Gesundheit mittlerweile äußerst wichtig geworden; später werde ich dazu noch ein paar aktuelle Zahlen bringen. Also sind die Tiere mittlerweile das Leben in geschützter Atmosphäre und warmer Umgebung gewöhnt – und dem müssen wir Rechnung tragen.

Das Gleiche gilt für die von mir angesprochenen Schuhe. Polizeihunde tragen diese Schuhe, um vor Glassplittern im Pflaster geschützt zu sein. Meine Hunde tragen sie bei Wanderungen, vor allem im Gebirge oder in unwegsamem Gelände. »Warum?«, werden Sie sich nun fragen. Ganz einfach: Stellen Sie sich vor, Sie sind mit einem fast 80 Kilo schweren Hund unterwegs und der reißt sich an einem scharfen Stein den Ballen einer Pfote auf. Sie verarzten ihn, merken aber sehr schnell, dass Ihr Vierbeiner mit dieser Verletzung unmöglich die 12 Kilometer zurück zur Unterkunft oder zum Auto schafft. Also müssen Sie ihn tragen. Glauben Sie mir, das ist keine schöne Vorstellung, und vor allem es ist sehr, sehr schwer. Im wahrsten Sinne des Wortes. Es liegt ein deutlicher Unterschied darin, seine 50 Kilo leichte Frau über die Schwelle und meinetwegen in den ersten Stock zu tragen oder einen zappelnden, blutenden und damit äußerst verstimmten, schweren Hund auf den Schultern 12 Kilometer (oder auch nur 500 m) zu schleppen!! Um also genau das zu verhindern, tragen meine Hunde Schuhe mit sogenannten Vibram®-Sohlen[11], die nicht nur Steinen, sondern wie schon erwähnt, auch Glas problemlos widerstehen.

Genauso wie vor dem Unbill der Natur müssen wir den Hund auch vor unserer Ungerechtigkeit, Launenhaftigkeit und Ungeduld sowie Unbeherrschtheit schützen!

Seien Sie doch bitte einen Moment absolut ehrlich zu sich selbst:

Waren Sie immer beherrscht im Umgang mit Ihrem Hund? Haben Sie Ihre Launen beiseitegelegt, wenn Sie mit dem Hund Umgang haben? Sind Sie im Training immer geduldig? Vermutlich nicht. Daran müssen Sie aber unbedingt arbeiten!

[11] Vibram® ist ein Markenzeichen der Fa. Vibram in Italien

Denn nur so können Sie eine Grundlage schaffen, die ein tiefes Zusammengehörigkeitsgefühl zwischen Ihnen und Ihrem Vierbeiner ermöglicht. Doch wie erreichen Sie das? Eigentlich ist es ganz einfach, wenn Sie sich selbst an ein paar Grundregeln halten, die auch gleich im nächsten Kapitel behandelt werden.

Zusammengehörigkeit entsteht durch Nähe. Und wir haben die Aufgabe, das Bedürfnis des Hundes nach Nähe zu befriedigen. Zu Anfang dieses Buches, als es um den Einzug des Welpen ging, habe ich das Thema schon angerissen; es bleibt unverändert auch beim erwachsenen Hund! Wenn Sie ihm die erforderliche Nähe untersagen, dann werden Sie nie einen Hund haben, dem man die buchstäbliche, unverbrüchliche Treue nachsagt, sondern im besten Fall einen vielleicht gehorsamen Begleiter – ohne jeden weiteren Anspruch. Die Nähe, von der ich spreche, bezieht sich nicht nur auf das Schlafen des Nachts, sondern auch auf das Verhalten tagsüber. Glauben Sie im Ernst, ein guter Hundehalter zu sein, wenn Sie Ihren Vierbeiner jeden Tag vier bis acht Stunden allein lassen, wenn Sie arbeiten müssen? Und nur weil er sich freut und fröhlich ist, dass Sie endlich wieder da sind, glauben Sie, es fehle ihm an nichts und er wäre glücklich? Weit gefehlt!

6.3 Verhalten erhalten

Do ut des – Ich gebe, damit du gibst!

Dieser Grundsatz (man kann ihn auch übertragen als: »Wie du mir – so ich Dir« oder »Eine Hand wäscht die andere«) impliziert nicht nur gutes soziales Verhalten dem Hund gegenüber, sondern im Idealfall auch unseren Mitmenschen! Es heißt »ICH gebe, damit du gibst«; das bedeutet: Sie fangen an, nicht der Hund! Und da scheitert es schon sehr oft; denn in der Glorifizierung unserer Caniden glauben wir nur allzu gerne, dass unser bester, treuester Freund in menschlicher Manier als erster das Zepter ergreift und mit den guten Taten an uns loslegt. Dem ist allerdings mitnichten so. Der Auslöser sind SIE!

Für jedes Verhalten Ihrerseits bekommen Sie etwas zurück. Das gilt für alle Bereiche Ihres Lebens (auch wenn Sie es manchmal nicht gleich merken), ganz besonders aber, weil schnell spürbar, für das Zusammenlaben mit einem Hund.

Die Kapitelüberschrift ist etwas zweideutig – und genauso ist es auch gemeint:

- Wenn Sie etwas tun, dann werden Sie als Reaktion ein bestimmtes Verhalten erhalten. War Ihre Aktion gut, dann wird auch die Reaktion gut sein. War Ihre Aktion schlecht, wird auch die Reaktion schlecht sein.

- Sie sollten sich unbedingt an die drei Säulen der Hundeerziehung halten, damit Sie das erlernte Verhalten Ihres Hundes auch erhalten!

Anfangs des Buches hatte ich erwähnt, von Blacky noch etwas mehr zu erzählen: Die grundlegenden Kommandos beherrschte er sehr schnell. Das Ausführen derselben unter Ablenkung oder gar Stress war eine ganz andere Sache. Monate-, sogar jahrelanges, tägliches Üben war erforderlich, um diesen Hund auch in angespannten Situationen unter Kontrolle halten zu können. Lange Rede, kurzer Sinn: Nach knapp vier Jahren des Vertrauensaufbaus wussten wir beide, dass wir uns gegenseitig bedingungslos vertrauen konnten. Er, der keine Kinder, keine Uniformierten, keine Dunkelhäutigen, keine Betrunkenen, keine Hüte, keine Schirme, keine anderen Hunde, keine fahrenden Autos, keine Radfahrer, keine Jogger, kein Wild – einfach nichts – mochte, stand nun all diesen Menschen und Dingen vorbehaltlos gegenüber. Er blieb auch ohne Leine ständig bei mir und war auch auf Entfernung unter Kontrolle zu halten.

Sommer 2002, Schweiz, Kanton Aargau

Ich besuchte meine Mutter und hatte Blacky natürlich dabei. Bei den täglichen Spaziergängen war ich mir gar nicht mehr so sicher, ob Blacky wirklich so zuverlässig war, wie wir es zu Hause erlebten. Dies lag wohl daran, dass wir uns in einem fremden Land befanden, in dem wir uns nicht zu Hause fühlten. Ich hatte anscheinend meine »mulmigen« Gefühle, die absolut unbegründet waren, auf den Hund übertragen, denn auch er wirkte – zumindest die ersten Tage – etwas angespannt.

An einem wunderschönen Sonntagvormittag fuhr ich mit Blacky ein paar Kilometer außerhalb des Wohnortes meiner Mutter, um mit ihm einen ausgedehnten Spaziergang in der freien Natur zu genießen. Hier, wo wir glaubten, ganz alleine zu sein, war die Welt wieder in Ordnung und das alte Vertrauen plötzlich wieder vollends da. Wir gingen einen kleinen Abhang hinunter, und vor uns lag eine wunderschöne hochgewachsene Wiese, die zum Herumtollen einlud. Blacky lief etwa 20 m vor mir und wollte in die Wiese hineinspringen, als unmittelbar vor ihm ein Reh mit Kitz aufsprang und flüchtete! Jetzt konnte es sich beweisen, ob unsere Arbeit Früchte trug. Ich rief ein einziges »Blacky, hier« und ein paar riesige Sprünge später stand Blacky neben mir, ohne dem Wild auch nur die geringste Beachtung zu schenken. Dies war der Zeitpunkt, an dem ich wusste, »Vertrau' deinem Hund, dann vertraut dein Hund dir«. Dieser Grundsatz war und ist nicht nur mir, sondern vielen Hundebesitzern, die sich mit ihren Vierbeinern in meine Hände begaben, eine große Hilfe geworden.

Blacky behielt dieses vertrauensvolle Verhalten bis an sein Lebensende.

Beispiele für »Verhalten erhalten«:

- Sie arbeiten in einer Hundegruppe; nach dem Training und in den Pausen ist Freilauf angesagt – sofern Sie in einer guten Hundeschule oder einem guten Verein sind. Und obwohl alle Tiere gut erzogen sind und durchaus den gleichen Ausbildungsstand haben, kommt es immer wieder zu Konflikten, die bei genauerer Betrachtung durchaus vermeidbar gewesen wären. Was ist der auslösende Punkt? Ganz einfach; es ist das sogenannte Aufhebungskommando, das plötzlich Freiheit verspricht, aber auch Unsicherheit steigert, denn der Schutz durch die Führung des Menschen ist nun weg, und es sorgt damit dafür, dass ganz schnell der Adrenalinspiegel steigt, und bevor Dopamin und Serotonin ihre Wirkung entfalten, kann schon der ein oder andere Hahnenkampf ausgefochten sein.

  Der Ablauf gleicht sich fast überall: Bevor die Hunde laufen dürfen, müssen sie erst mal »sitzen«, dann werden Sie abgeleint und mit dem Wort »SO!« oder »Jetz' aber!« oder »Lauf!« in die Pause entlassen. Innerhalb kürzester Zeit spielt sich aber dann im Gehirn ein Feuerwerk ab, das genau die unerwünschten Verhaltensweisen unterstützt, die wir ja eigentlich vermeiden wollen.

  Was tun? Nun, die Lösung ist denkbar einfach. Das Aufhebungskommando wird in Wort und Tat verändert. Die Hunde werden in das Kommando »Fuß« genommen und abgeleint. Nach einigen Metern kommt vom Ausbilder (in diesem Fall ich) die Aufforderung in monotoner Aussprache an die Hundeführer »Lasst sie laufen.« Die Hundeführer sagen dann genauso monoton in etwa: »Geh zu« und drehen sich selbst weg. Die Hunde können dann ganz entspannt weiterlaufen, denn das stressauslösende Moment des spannungsgeladenen »SO!« oder »Lauf!« ist nicht gegeben. Manche Hunde merken anfangs gar nicht, dass sie sich nun im Freilauf befinden, und das macht gar nichts; wir lassen sie in ihrem Irrglauben, denn er ist der Sache sehr dienlich …

  Wir haben also für unsere gute Aktion (Vermeiden von stressauslösenden Momenten) eine gute Reaktion (gelassenes Verhalten im Freilauf) erhalten.

- Ihr Hund zieht an der Leine. Sie reißen ihn am Halsband immer wieder zurück. Ihr Hund bleibt irgendwann für ein paar Sekunden bei Ihnen und zieht dann wieder wie ein »Ochse«, und wenn Sie ihn frei laufen lassen, lässt er sich nicht oder nur sehr ungern wieder anleinen. Hier hilft kein Stehenbleiben oder Ändern der Richtung mehr. Auch wenn Ihr Trainer das glauben sollte. Das einzige was hilft, ist, dass Ihr Hund selbst entscheidet, dass er bei Ihnen bleiben möchte. Für Sie heißt das: Bei »Null« anfangen. Das Halsband in die

Tonne schmeißen und gegen ein gutes Geschirr austauschen, das niemals so eng sein darf, dass sich der Hund eingeschränkt fühlt. Das Gehen am Fuß ganz neu konditionieren, in gaaanz kleinen Schritten jede Bewegung loben, die direkt bei Ihnen stattfindet, und sich aufrichtig freuen, wenn Ihr Hund mehr als einen Meter bei Ihnen »Fuß« geht. Verhalten erhalten – Do ut des.

- Ihr Hund bellt während des Spaziergangs dauernd andere Menschen an, was Ihnen langsam peinlich wird. Ständig versuchen Sie, ihn zu beruhigen: »Braav, Ronny, schön braav!« – aber Ronny ist immer mehr aus dem Häuschen, je mehr Sie ihn beruhigen.

  Verflixt nochmal – wieso das denn nun wieder?

  Na, ja, do ut des: Die »Beruhigung« mit: »Braav, Ronny, schön braav!« ist für Ihren wachsamen Begleiter nichts anderes als ein Lob für seine Tätigkeiten, die er nun gedenkt weiter auszubauen, um Ihre Zufriedenheit ins Unermessliche zu steigern! Dass allerdings genau das Gegenteil passiert, ist nicht der Fehler des Hundes, sondern Ihr ureigenster Verdienst!

- Ihr Hund geht gerne und auch über längere Strecken bei Ihnen am Fuß. Er lässt sich aus jeder Situation abrufen und kommt zuverlässig zu Ihnen. Er stiehlt nicht vom Tisch und er ist kein Raufer. Wenn Sie zu ihm sagen: »Platz – Bleib!«, dann bleibt er, auch wenn Sie länger weggehen und mit einem Bekannten sprechen. Kurzum – Sie haben einen perfekten Begleiter. Damit das so bleibt, müssen Sie mit ihm trainieren, täglich üben, immer konsequent, sozial intelligent und gerecht sein, dann gelingt es Ihnen: Verhalten erhalten!

6.4 Geschenke machen – Geschenke annehmen

Welches Geschenk sollen Sie jetzt Ihrem Hund machen? Nun, im Gegensatz zum vorherigen Kapitel, in dem es darum ging, etwas herzugeben, um etwas zu erhalten, ist beim Geschenk gemeint, dass man nichts Konkretes dafür zurückbekommt!

Wenn Sie ihm außerhalb der Verpflichtung zur Ernährung ein besonderes Leckerli zum Futter geben, dann haben Sie ein Geschenk gemacht. Folge dieses Geschenkes kann sein, dass das Fell Ihres Hundes schöner glänzt, dass er zufriedener ist, weil es besonders gut geschmeckt hat, dass er besonders gut schläft und vieles mehr. Sie sehen, Geschenke haben durchaus Auswirkungen, sie werden aber nicht unbedingt sofort vergolten.

Geschenke, die Ihnen Ihr Hund macht, oder noch besser, die Hunde uns allen, ja, allen Menschen unserer Gesellschaft machen, haben noch mehr Auswirkungen, als *unsere* Geschenke an den Hund!

Sie glauben das nicht?

Na, dann werde ich Ihnen ein paar Zahlen darüber aufzeigen, was die Geschenke unserer Hunde an uns wirklich bedeuten:

Bruce Headey (Australien) und Markus Grabka (Deutschland) haben in einer Langzeitstudie den Zusammenhang von Heimtierhaltung und Gesundheitszustand in Deutschland untersucht und sind zu äußerst überraschenden Ergebnissen gekommen![12]

Es handelt sich bei der Studie um die derzeit einzig bekannte, die eine ganze Nation im Bereich der Heimtierhaltung betrachtet hat.

Knapp ein Drittel der Bevölkerung hat ein Heimtier (Hund oder Katze), was etwas mehr als 10 Prozent der Haushalte betrifft.[13]

Davon ausgehend, dass ältere Menschen öfter als jüngere und Frauen öfter als Männer zum Arzt gehen, war eine verblüffende Feststellung, dass bei den Tierhaltern 7 Prozent Arztbesuche weniger vorlagen, als bei den Menschen ohne Heimtier![14]

Die Langzeitstudie hat Fakten geschaffen, die uns aber unkommentiert noch wenig sagen.

Aus diesem Grund haben Frau Prof. Dr. Renate Ohr von der Georg-August-Universität in Göttingen und Herr Dr. Götz Zeddies vom Institut für Wirtschaftsforschung in Halle die Ergebnisse der Studie in rechenbare Zahlen umgesetzt und somit dafür gesorgt, dass man schon beinahe auf »Heller und Pfennig« weiß, wie sehr unsere Hunde im Besonderen und Heimtiere im gesamten unsere Wirtschaft stärken!![15] Frau Professor Ohr gehört zu den herausragenden Wissenschaftlern in Deutschland (ich sage hier ohne Geschlechternennung »Wissenschaftler«, weil sie auch aus der Riege der Herren deutlich hervorragt), deren Kompetenz unumstritten ist und deren wissenschaftliche Ergebnisse weltweit Gehör finden.

Ich werde im Folgenden Zahlen, die sich seit 2006 verändert haben, separat kennzeichnen, indem ich die neuere Jahreszahl in Klammern dahintersetze.

[12] Bruce Headey, Markus M. Grabka, The Relationship between Pet ownership and health outcomes: German longitudinal evidence, DIW Berlin, August 2004

[13] a.a.O. S. 7

[14] a.a.O. S. 8

[15] Prof. Dr. Renate Ohr, Dr. Götz Zeddies, Ökonomische Gesamtbetrachtung der Hundehaltung in Deutschland, Göttingen, November 2006

(2009) befanden sich ca. 5,4 Millionen Hunde in deutschen Haushalten, was 13,4 Prozent entspricht[16]. Das mag sich nach »viel« anhören, ist es aber im Vergleich zu unseren europäischen Nachbarn nicht:

Wir stehen an 14. Stelle und nur Österreich und die Schweiz haben einen geringeren Anteil Haustiere in den Haushalten; Frankreich ist mit 38 Prozent (!) führend in dieser Statistik![17]

Wozu ist aber diese Ansammlung von Zahlen gut? Sie beweist doch in den Augen der Kritiker nur, dass ausgehend von einem Durchschnittsgewicht von ca. 25 Kilogramm pro Hund eine tägliche Kot- und Urinausscheidung von etwa 400 g erfolgt und somit täglich 2.160 Tonnen Ausscheidungen die deutsche Welt verseuchen …

Ich bin dann bei meinen eigenen Recherchen auf ein paar interessante Zahlen gestoßen: Der Bezirk Friedrichshain-Kreuzberg in Berlin, der übrigens mittlerweile großflächige Betretungsverbote für Hunde(besitzer) ausgesprochen hat, machte Angaben zu den Reinigungskosten der Parks und Spielplätze (625.595,98 Euro[18]). Da man nicht wusste, wie hoch der Reinigungsaufwand speziell für Hundehinterlassenschaften tatsächlich sei, muss ich ihn hier neu berechnen: Bei 256.000 Einwohnern[19] im Bezirk sollte der Anteil von Hunden nicht wesentlich anders sein, als im Rest der Republik, das würde bedeuten, es tummeln sich 16.000 Hunde dort. Daraus wiederum ergibt sich rein rechnerisch ein Betrag von 39.099,75 Euro; herabgerechnet auf den einzelnen Hund sind das 2,44 Euro je Hund *im Jahr*! Deutsche Gesamtkosten bei 5,4 Mio. Hunden: 13.196.165,20 Euro.

Dreizehn Millionen – eine wahnsinnig große Zahl mögen Sie jetzt denken.

Na, ja, es ist immer eine Frage der Relation:

Dreizehn Millionen Kosten durch Hundekot stehen einer Einsparung im Gesundheitswesen durch den Einfluss der Hunde auf die Gesundheit ihrer Besitzer von mehr als 2.000.000.000 Euro gegenüber. *Zwei Milliarden!!!*

Abgesehen von den ca. 216 Millionen Euro Hundesteuer, die in die Abgabenkassen fließen …

Glauben Sie jetzt immer noch, dass das Thema »Hundekot« ein Kostenproblem ist? Nein, es ist abgesehen davon, dass es unverschämt ist, den Kot seines Hundes

[16] www.wissenswertes.at, Haustiere-Statistik von 2009

[17] Ohr, Zeddies, a.a.O., S. 3

[18] www.dielinke-friedrichshain-kreuzberg.de, Beseitigung von Hundekot aus Grünflächen, 27.10.2010

[19] Statistisches Landesamt Berlin, 2004

herumliegen zu lassen, ein ausschließliches Politikum, das man – emotional aufbereitet – sehr gut zur Stimmungsmache einsetzen kann und es auch kaltschnäuzig tut.

Doch nun weiter zu den Ausführungen von Ohr/Zeddies, die sich speziell um die Hundehaltung und nicht um die gesamte Heimtierhaltung drehen:

Mittlerweile (2007) betragen die Umsätze aus der Hundehaltung schon ein Viertel des landwirtschaftlichen Bruttoinlandsprodukts.

Bei hunderttausend Arbeitsplätzen, die mit der Hundehaltung verbunden sind, finanzieren also 50 – 60 Hunde einen Arbeitsplatz![20]

Weiterhin hatte Ohr für 2004 die Anzahl der Bissverletzungen durch Hunde auf das Bundesgebiet hochgerechnet und kam auf 6450 Bissverletzungen an Menschen.

Im selben Zeitraum gab es mehr als 430.000 Verletzte im Straßenverkehr und zusätzlich mehr als 5000 Tote[21]. Aktuell haben wir in Deutschland rund 9.500.000 alkoholkranke Menschen, die Mortalitätsrate (Tod durch Alkohol) liegt bei über 73.700 Menschen im Jahr!!!![22]

Rechnen wir einmal:

430.000	zu 6.450 =	1,5 Prozent
9.500.000	zu 6.450 =	0,067 Prozent

Es werden »Hundegesetze« erlassen, die nichts sind als purer Aktionismus ohne jeden Sinn und vor allem ohne Verstand, während im Fernsehen Werbung für Alkohol läuft und ein Bremer Politiker einem Arbeitslosen Sekt über den Kopf gießt[23]. Eine öffentlich unterstützte Droge, die Kosten in einer Höhe von über 24 Milliarden Euro verursacht[24], wird verherrlicht, während Hunde, die eine Ersparnis von mehr als zwei Milliarden Euro bringen, verteufelt werden …

Menschen verletzen andere vorsätzlich (2008) in mehr als 518.499 Fällen[25], und wir regen uns über ein paar Hundebisse auf? Natürlich sollen Hunde nicht bissig sein – aber von Natur aus sind Zähne ihre einzige Waffe. Und wenn wir Menschen oft-

[20] Ohr, Zeddies, a.a.O. S. 1
[21] Statistisches Bundesamt, Unfallgeschehen im Straßenverkehr 2005
[22] Deutsche Hauptstelle für Suchtfragen e.V., www.dhs.de
[23] Senator Gloystein, Bremen, 2005
[24] www.dhs.de, a.a.O.
[25] Polizeiliche Kriminalstatistik 2008

mals nicht gar so blöd wären und gut mit unseren Hunden umgingen, dann ginge auch diese Statistik gewaltig in den Keller!

Sie sehen also, lieber Leser, mit emotionsgeladenen, aufgebauschten Themen wird auf Kosten unserer Hunde eine unverschämte Politik betrieben!

Und solange es immer noch skrupellose Ausbilder gibt, die Hunde zu Kampfmaschinen machen, werden wir »normalen« Hundebesitzer unter diesem Schwachsinn leiden müssen!

Wir sind heute in der Lage, Hunde so zu erziehen, dass ihr Verhalten beißfrei bleibt. Also sollten wir das auch tun!

Schon als Kind bringt man uns bei, uns für ein Geschenk zu bedanken. Wieso tun wir dann bitte genau das nicht bei unseren Hunden?

Danke sagen dafür, dass wir bei jedem Wetter rausdürfen und deshalb gesund sind.

Danke sagen, dass jeder Hund in Deutschland einen geldwerten Vorteil von 370 Euro im Jahr erschafft, der unserer gesamten Gesellschaft zugutekommt.

Danke sagen für die unzähligen Einsätze der Rettungshunde, der Drogen- und Sprengstoffspürhunde, der Blindenführhunde, der Behindertenbegleithunde, der Krebserkennungshunde, der Besuchshunde und so weiter und so fort ...

Dienstag, 11. Mai 2010

Ein kühlerer Maitag zeichnet sich schon am Morgen ab. Wir kommen vom Spaziergang zurück, haben getobt und geschnüffelt und zu Hause wartet das Frühstück! Enriko ist verwundert, wieso wir gleich danach wieder ins Auto steigen und wegfahren – und das noch dazu ohne Nicky!

In ganz bestimmten Situationen bin ich mit Enriko alleine unterwegs. Nach etwa 45 Minuten Fahrt sind wir an unserem Ziel angekommen: An einer Sprachförderschule für Kinder. Das bedeutet für ihn: Geschirr anlegen und arbeiten! Und zwar gute zwei Stunden lang – was nur für einen so ausgeglichenen und gutmütigen Hund wie Enriko möglich ist.

Es gibt immer ein großes Hallo, wenn Enriko in Schulen, Kindergärten oder Pflegeheimen erscheint. Seine herrliche Größe beeindruckt Kinder und Erwachsene gleichermaßen und sein sanftes Wesen nimmt allen jegliche Scheu. Mit seinem Auftreten beginnt er auch gleich, sich in aller Gänze zu verschenken: Er bewegt sich zielsicher als Erstes zu den Menschen, von denen er vermutet, dass sie sich fürchten könnten. Auf unbeschreibliche Art schleicht er sich dann direkt in die Herzen dieser Menschen und sie schmelzen unter seinen Blicken dahin. Wir haben in seinem ganzen Leben nur zwei Menschen getroffen, die ihn wirklich nicht mochten – von denen hielt er von sich aus so viel Abstand, dass sie ihm nicht zu nahe kommen konnten. Heute, an diesem Dienstag allerdings, ist es so, dass ihn alle zwanzig Kinder nur ständig bewundern, und er präsentiert sich von seiner besten Seite: Jedes einzelne darf mit ihm an der Leine gehen, mit ihm spielen, und zum Schluss erlaubt er natürlich, dass sich alle um ihn herumlegen und ein Abschiedsfoto machen.

Souverän erduldet er auch versehentliche oder absichtliche etwas robustere Streicheleinheiten der Kinder, ohne seinem Unmut Ausdruck zu verleihen. Man merkt, dass er einfach weiß, worauf es ankommt. Das ist eines seiner Geschenke, die wir dankbar und jeden Tag aufs Neue angenommen haben und die auf ewig unbezahlbar bleiben!

Wenn Sie nun Ihren Hund – oder diejenigen, die dieses Buch lesen, aber selbst (noch) keinen Hund haben in der Zukunft – unter dem Aspekt »Geschenke machen – Geschenke annehmen« betrachten, dann sind Sie in der Erziehung und im gesamten Umgang mit dem Hund einen großen Schritt weiter als alle anderen!

6.5 Wege durchs Leben

In diesem Kapitel werde ich ein paar Geschichten von Menschen und Hunden beschreiben, die ich selbst miterlebt habe und die mich beeindruckt haben oder die mich immer noch beeindrucken.

Lucy

Lucy ist eine kleine »Cavalier King Charles Spaniel«-Hündin. Ihr Frauchen rief mich an, weil Lucy ständig nach den Angestellten und Kunden schnappte, die den kleinen Schreibwarenladen betraten. Bei großen Männern jedoch war sie eher zurückhaltend und schnappte nicht.

Ich machte mich also auf die Socken, um Lucy in ihrem Umfeld etwas genauer unter die Lupe zu nehmen. Ich traf vormittags ein und betrat den Laden wie ein normaler Kunde. Ich ging auf den Ladentisch zu und zugleich schoss dahinter ein knurrendes, dreifarbiges Bündel nach vorne, das allerdings sofort zurückwich, als es mich sah. Nachdem ich das Frauchen begrüßt hatte, was von Lucy sehr prüfend begutachtet worden war, ging ich in die Hocke, direkt neben dem Ladentisch, und sprach mit dem Frauchen, ohne Lucy auch nur die geringste Beachtung zu schenken. Es dauerte nicht lange, da kam sie um die Ecke und begann, mich zu examinieren. Mithilfe von etwas Lachs gelang es mir, ihr Vertrauen zu erwecken, und nach ein paar Minuten konnte ich sie schon anschauen, ohne dass sie weglief. Bei der Betrachtung ihrer Augen fiel mir ihr getrübter Blick auf, und ich fragte als Erstes, ob der Hund gesund sei? Die Besitzerin versicherte mir, dass es dem Hund gut ginge und man regelmäßig beim Tierarzt sei, um Impfungen, Wurmkuren und dergleichen durchzuführen. Trotzdem wollte ich noch etwas mehr wissen und schickte die Dame mit ihrem Hund zu unserem Haustierarzt, mit der Bitte, mich dann sofort zu informieren, wenn dieser etwas gefunden hätte.

Schon am nächsten Tag waren die Laborwerte und die Aussage des Tierarztes da: Die Hündin hatte eine äußerst schwere Gebärmutterentzündung, die sie aufs Massivste in ihrem Leben behinderte; die sie schwach und unleidlich machte und Kontaktaufnahmen durch distanzvergrößerndes Verhalten ersetzte. Offensichtlich hatte das arme Tier schon lange unter der Entzündung gelitten, so hatte sich auch ihr Verhalten schon etwas gefestigt. Die Gabe von einem Antibiotikum (Amoxicillin) hatte schnell Erfolg gebracht. Ein sanftes Begegnungstraining führte dazu, dass Lucy schon bald ganz normal im Laden herumlief, Menschen begrüßte, und wenn sie dazu keine Lust hatte, dann blieb sie einfach hinter dem Ladentisch liegen.

Was war also tatsächlich los gewesen? Lucy hatte mehrere Symptome durch ihre Krankheit, die nicht erkannt worden waren:

Sie war schlapp und niedergeschlagen, zeigte das aber nicht direkt.

Sie wollte in Ruhe gelassen werden, aber das ging in dem Laden nicht. Was sollte sie nun tun? Sie verhinderte eben, dass ihr irgendwer außer dem Frauchen zu nahe kam!

Stellen Sie sich vor, sie selbst leiden unter einer schweren Grippe. Wollen Sie dann zum Sport gehen? Oder wollen Sie mit anderen Menschen zusammen eine Reise machen? Oder von fremden Menschen ständig angeredet und angefasst werden?

Nein? Dann wissen Sie jetzt, wie sich Lucy fühlte …

Cora

Cora ist eine Mischlingshündin, etwa 40 Zentimeter hoch, und irgendwann muss da wohl ein Deutscher Schäferhund im Spiel gewesen sein. Sie ist sehr folgsam und ganz verrückt nach Peter, ihrem Herrchen. Sie wartet auf dem Fensterbrett, bis er nach Hause kommt, und schon bevor er den Hof betritt, springt sie an die Tür, um ihn gleich in Empfang zu nehmen.

Beim Frauchen ist der Enthusiasmus nicht ganz so groß; allerdings hört sie auch bei ihr aufs Wort.

Cora kann auch in der Stadt ohne Leine laufen; sie setzt sich und schaut, bevor sie die Straße überquert. Die Kinder lieben sie und sie wiederum die Kinder. Es gibt von ihr nur Gutes zu berichten und alle lebten glücklich miteinander.

Bis zu dem Tag, an dem der Vater einem Herzanfall erlag. Die Mutter fand ihn am Boden liegend und Cora eng an ihn geschmiegt; als ob sie ihm noch einen Hauch Leben einatmen wolle. Coras Trauer war immens groß; sie wollte nicht mehr fröhlich sein, saß nur noch alleine auf dem Fensterbrett und hielt Ausschau nach Peter, der nie wieder durch die Hoftür kommen sollte.

Erst nach weiteren zwei Jahren legte sich bei Cora die Trauer wieder und sie begann – vornehmlich mit den Kindern – ihr zweites Leben.

Heute springt sie, die zwar nun schon sieben Jahre alt ist, wieder fröhlich auf »ihren« Gassi-Wegen herum. Glauben Sie nicht auch, dass so ein Verhalten Ausdruck von tiefen Gefühlen ist? Natürlich kann auch ein Hund jemanden genauso vermissen, wie wir selbst!

Pongo (†)

Eines Tages begegnete mir auf dem Hundeplatz ein Herr mittleren Alters, der frei laufend einen Bullterrier mit sich führte. Dazu muss ich sagen, dass einer meiner Hundeplätze nicht eingezäunt ist und von Wasser umgeben wunderschön in die Natur eingefügt ist, sodass hin und wieder Spaziergänger uns beim Training »besuchen«.

Der Hund lief fröhlich zu mir, ich ließ ihn erst mal in Ruhe und sprach das Herrchen an und begrüßte es. Anschließend fragte ich nach dem Namen des Hundes und ob ich ihn anfassen dürfe. Der Herr antwortete mir, dass der Hund »Pongo« heiße und natürlich von mir gestreichelt werden dürfe. Also kniete ich mich ab und ließ Pongo an mir schnüffeln, und sofort erlaubte er mir, ihn anzufassen. Er war ein Muskelpaket ohne ein Gramm Fett und äußerst zutraulich. Sein Herrchen erzählte mir aber dann ein paar äußerst unschöne und vor allem gefährliche Dinge: Plötzlich könne Pongo »austicken« und dann würde er nicht mal vor ihm, seinem Herrchen halt machen und auch ihn angreifen, um nach einigen Sekunden konsterniert dazustehen und anscheinend nicht mehr zu wissen, was passiert war.

Für mich bedeutete das, erst mal von Pongo abzulassen und ihn etwas zu beobachten. Mir fiel damals allerdings nichts Besonderes auf.

Wir trafen uns öfter und Herr S. erzählte mir immer wieder von Angriffen seines Hundes, die oftmals ziemlich zerstörerisch ausfielen. Eines Tages unterhielten wir uns wieder und er hatte Pongo schon ins Auto gesperrt; blieb aber selber noch bei mir stehen. Und dann geschah es: Wie von Sinnen begann Pongo das Auto zu zerlegen, bis er zufällig ein Stück Holz fand, das ihm dann als Aggressionsventil diente.

Herr S. konnte sich dem Fahrzeug nur begrenzt nähern, ich mich gar nicht, ohne einen aggressiven Anfall auszulösen. Stellen Sie sich vor, das passiert während einer Autofahrt!

Im Hinblick darauf und auf die ständigen Anfälle beschlossen wir, den Hund in die Tierklinik zu fahren und nach eingehender Begutachtung entweder medikamentös zu unterstützen oder aber ihn schlimmstenfalls zu euthanasieren.

Zuvor allerdings stellte sich noch das Problem, wie wir den Hund beruhigen konnten, um ihn überhaupt zu transportieren! Ich beschloss eine metallene Hundebox zu holen und dann den Versuch zu machen, die Autotür zu öffnen und den Hund irgendwie dazu zu bringen, dass er in die Box sprang.

Gesagt – getan: Ich holte die Box und wir hielten Sie in die Höhe der nun zu öffnenden Tür.

Schnell die Autotür aufgerissen – und siehe da: Pongo sprang fröhlich und ruhig in die aufgehaltene Box, ohne nur irgendein Zeichen von Aufregung oder Aggression zu zeigen!

In der Tierklinik befundete der Tierarzt den Hund und kam zu dem Schluss, den Hund aus Sicherheitsgründen zu euthanasieren.

Eine anschließende Sektion zeigte einen Gehirntumor in Größe einer Walnuss.

Tumore gehören häufig zu den Auslösern unberechenbaren Verhaltens; allerdings sind sie oftmals erst nach dem Tod des betroffenen Tieres feststellbar.

Jerry (†)

Jerrys Herrchen war ein junger Mann von knapp 30 Jahren, der vorher schon zwei Hunde besessen hatte, aktiv im Hundesport war und über genügend Erfahrung verfügte, seinen Hund gut zu erziehen. Er bekam Jerry als achtwöchigen Welpen, und bis Jerry etwa 15 Monate alt war, benahm er sich auch vorbildlich. Jerry war ein Harzer Fuchs, ein deutscher Hütehund also, der allerdings aus Mangel an Schafen nicht zur Arbeit eingesetzt wurde. Allerdings wusste sein Herrchen, was er ihm schuldig war und bot ihm unter Zuhilfenahme der Eltern und der Geschwister ein ausreichend abwechslungsreiches Hundeleben.

Beginnend mit etwa eineinviertel Jahren zeigte Jerry hin und wieder aggressives Verhalten, ohne dass spezielle Auslöser dafür verantwortlich gemacht werden konnten. In der Familie beschränkte man sich eher auf Vermutungen wie »Da hat man ihn versehentlich angestupst«, »Er ist jetzt wohl gestresst«, denn aufgrund seines bisherigen Verhaltens konnte und wollte niemand damit rechnen, dass Jerry plötzlich sich so negativ veränderte.

Wie benahm sich Jerry nun?

Jerry hatte im Hundeverein und mit seinem Herrchen ein liebevolles aber konsequentes Unterordnungstraining erfahren – er stand perfekt im Kommando. Doch gerade in entspannten Situationen, also im täglichen Zusammenleben, begann Jerry nun immer häufiger »auszuticken«. Seine Augen veränderten sich in diesen Situationen; er duldete dann auch keine Bewegungen seines Herrchens mehr. Andernfalls packte er ansatzlos zu, biss und schüttelte aber nicht, sodass ihn sein Herrchen immer wieder »vom Arm pflücken« konnte.

In dieser Situation, mit einem Alter von etwa 18 Monaten, wandte sich das aus Hamburg stammende Herrchen von Jerry hilfesuchend an mich.

Wir versuchten unter Zuhilfenahme der modernen Kommunikationsmittel verschiedene Therapieansätze. Die Folge war, dass der Hund in den Zeiten seines »normalen« Verhaltens immer perfekter wurde – seine Attacken jedoch nicht ab-, sondern zunahmen. Damit war für mich ein Punkt erreicht, das Herrchen inständig darum zu bitten, die weite Fahrt auf sich zu nehmen und mit Jerry zu mir zu kommen, damit ich ihn sehen und beurteilen und dann mit ihm arbeiten konnte. Nach einem weiteren Angriff auf ein kleines Nachbarmädchen war dann auch für Jerrys Herrchen das Maß voll und er setzte sich in den Zug und reiste zu mir an.

Was ich sah, war ein fröhlicher, folgsamer Hund, der auch mit anderen Hunden einen guten Umgang pflegte. Wir arbeiteten drei Tage zusammen, ohne dass irgendetwas passierte. Am vierten Tag morgens rief mich Jerrys Besitzer mit schmerzverzerrter Stimme an und sagte mir, Jerry hätte ihm soeben angefallen und übel zugerichtet. Ich fuhr sofort zu den beiden ins Hotel und kam gerade dazu, als das Herrchen von einer Angestellten medizinisch erstversorgt wurde. An mehreren Stellen des rechten Armes und an der linken Hand waren stark blutende und tiefe Bissverletzungen zu sehen. Bis die Erstversorgung abgeschlossen war, holte ich den Hund aus dem Bad des Hotelzimmers, in das ihn sein Herrchen während des Kampfes zurückdrängen und einschließen konnte. Jerry war zu mir freundlich und fröhlich wie immer, und ich ließ ihn in mein Auto einsteigen und fuhr anschließend mit ihm und seinem Herrchen zum Arzt, um die Wunden richtig versorgen zu lassen. Walter, Jerrys Herrchen, rief bei seinen Eltern an und bat sie herzukommen, denn mit seinen Verletzungen war er erst einmal nicht in der Lage, mit seinem Hund weiter umzugehen. Als die Eltern eintrafen, hatte sich am Arm von Walter eine Entzündung gebildet, die eine sofortige Verbringung Walters ins Krankenhaus notwendig machte. Ein Gespräch mit den Eltern zeigte mir, dass dies schon die dritte Attacke gewesen war, sie allerdings glaubten, es hinge nur mit einem falschen Verhalten ihres Sohnes zusammen.

Ich schlug vor, gemeinsam zum Tierarzt zu fahren, um den Hund neurologisch und körperlich untersuchen zu lassen, um zum Beispiel Schmerzen als Auslöser ausschließen zu können. Die Untersuchung in der Tierklinik zeigte keine Auffälligkeiten. Der untersuchende Tierarzt warnte allerdings, dass diese plötzlich auftretende Unberechenbarkeit des Hundes durchaus ihre Ursache in einer physiologischen Störung des Gehirns oder im gestörten Gehirnstoffwechsel haben könnte. Eine Verbesserung durch medikamentöse Unterstützung sei möglich, aber nicht wahrscheinlich. Walters Eltern wollten aber nicht aufgeben und erst einmal warten, bis ihr Sohn aus dem Krankenhaus zurück war. Einige Tage nach dem Tierarztbesuch riefen mich die Eltern an und baten um ein Gespräch. Wir trafen uns auf der Terrasse des Hotels; merkwürdiger Weise war Jerry nicht dabei. Auf meine Frage, wo er denn sei, teilte man mir mit, er sei im Zimmer eingeschlossen.

Der Vater gestand mir mit Tränen in den Augen, dass Jerry seit drei Tagen auch auf ihn losgegangen wäre und sowohl er, als auch seine Frau nun Angst hätten, mit dem Hund im Zimmer zu schlafen, sodass man ihn Nachts im Bad einschloss. Die Angriffe erfolgten nun mehrmals täglich und erstreckten sich jetzt auch grundlos auf fremde Menschen, denen man begegnete. Das Verhalten des Hundes sei danach immer so, als ob er selbst gar nicht wisse, was mit ihm geschehen würde. Leider war mir auch hier schnell klar geworden, dass ein Verhaltenstraining keine Erfolge mehr bringen konnte.

Warum?

Es gab mehrere Gründe, die dafür sprachen, dass Jerry gar nicht wusste, was er tat.

1. Aus medizinischer Sicht sprach die starke progressive Zunahme seiner unkontrollierten Beißattacken für massive Veränderungen im Gehirn.
2. Aus verhaltenstherapeutischer Sicht war festzustellen, dass Jerrys aggressives Verhalten nicht provozierbar, aber auch nicht situativ reproduzierbar war, sondern ohne Auslöser völlig unberechenbar auftrat.

Da Hunde jedoch immer berechenbar sind, musste sich leider die verhaltenstherapeutische Methode der medizinischen anschließen. Nach Rücksprache mit der Tierklinik und Abhalten eines Familienrates wurde beschlossen, Jerry seinem Schöpfer zurückzugeben. Ein Anruf der Tierklinik drei Tage später bei Walter bestätigte ihm massive tumoröse Veränderungen im Gehirn.

Maggy

Gäbe es unter den Hunden einen »Till Eulenspiegel« – Maggy wäre es.

Um bei den Vergleichen zu bleiben, muss man aber auch sagen, dass Maggy, als ich sie kennenlernte, eher »Dr. Jekyll und Mr. Hyde« war. Xenia, eine junge Frau, hatte sich spontan für Maggy entschieden, nachdem sie deren Foto sah, das mit dem Text versehen war, der 10-monatige Hund müsse abgegeben werden, weil er nicht allein bleiben könne.

Die beiden wussten sofort, dass sie füreinander bestimmt waren – doch Xenia war auch klar, dass noch jede Menge Arbeit vor ihr lag, bis man Maggy als wohlerzogenen Hund bezeichnen konnte. Aus dem liebevollen Dr. Jekyll wurde nämlich innerhalb von Bruchteilen einer Sekunde ein rasender Mr. Hyde, wenn er nämlich auf der Straße Kinder, Männer, Frauen, Rucksäcke, Hüte, Stöcke, Regenmäntel, Autos, Fahrräder, Mopeds, Motorräder, Anhänger, Traktoren, Busse, LKWs, Katzen, andere Hunde und, und, und sah. Kurzum, Maggy war der liebste Hund aller Zeiten, solange sie sich mit Xenia alleine im Haus befand. Ein Verlassen desselben glich schon bald einem Spießrutenlauf. Dies führte dazu, dass Xenia mit ihrer Hündin schon sehr bald nicht mehr durch das kleine Städtchen, sondern nur noch in den rückwärtig am Haus angrenzenden Wald ging. Lange allerdings konnte das so nicht weitergehen und Xenia beschloss, sich an mich zu wenden.

Bei meinem ersten Besuch sah ich eine lustige mittelgroße Mischlingshündin, mit einem äußerst freundlichen Benehmen. In dem Moment dachte ich mir, Xenia hätte wohl etwas übertrieben, so schlimm konnte es doch gar nicht sein. Leider dachte ich zu diesem Zeitpunkt in keinster Weise an die Ähnlichkeiten zu meinem Blacky. Es wäre besser gewesen, ich hätte das getan. Wir nahmen den Hund an die Leine und gingen aus dem Haus auf die Straße, wo wir nach knapp 50 Metern einer Familie mit drei Kindern begegneten, die uns auf der anderen Straßenseite entgegenkamen. Dr. Jekyll verwandelte sich innerhalb einer zehntel Sekunde und war kaum mehr zu bändigen. Der Familienvater hatte einen größeren Schuhkarton unter dem Arm, von dem ich glaubte, er wäre das Objekt für Maggys Begierde. Weit gefehlt! Es waren die Kinder, die Maggy am liebsten auf der Stelle verschlungen hätte. Das war der Moment, in dem mir klar wurde, dass sowohl auf Xenia als auch auf mich ein schönes Stück Arbeit zukommen würde.

Unser Therapieplan sah in etwa folgendermaßen aus:

1. Umstellen der Nahrung. Das bedeutete Einsatz von getreidefreiem, erstklassigem Hundefutter sowie anstelle des Getreides hochwertige Kohlenhydrat- und Energiequellen zu verfüttern.
2. Desensibilisierung des Hundes unter steigender Ablenkung.
3. Flooding in prägnanten Situationen.

Die Nahrungsumstellung zeigte nach etwa drei Wochen die ersten Erfolge: Der Augenausdruck von Maggy wurde zusehends sanfter und der Hund an sich wirkte wesentlich weniger gestresst. Außerdem beruhigte sie sich wesentlich schneller; wo sie vorher noch 15 Minuten gebraucht hatte, um die Aufregung abzubauen, war nun auch die Erregung mit Verschwinden des Stressauslösers verschwunden. Aufgrund dessen konnte Xenia immer häufiger mit dem Hund in Stresssituationen eintauchen. Im Flooding erwies sich als beste Maßnahme, den Hund trotz der damit verbundenen körperlichen Anstrengung, hochzunehmen und wie ein Baby schützend zu halten.

Einige Monate später war das Gespann Xenia/Maggy soweit, dass es die Begleithundeprüfung inklusive Sachkundenachweis, Nachtübung und Wesenstest erfolgreich ablegen konnte.

Noch in der ersten Trainingsphase entschloss sich Xenia, bei mir das Studium zum Hundetrainer zu absolvieren, und heute nutzt sie als Trainerin in unserem Ausbildungszentrum ihre Maggy bei unseren täglichen Einsätzen als Arbeitsbegleithund.

7. Der alte Hund

Unter Jägern ist folgender Spruch verbreitet:
»Vier Jahre hast du einen jungen Hund, vier Jahre einen guten Hund und vier Jahre einen alten Hund.«

Wie so manche Weisheit entbehrt auch dieser Spruch einer wissenschaftlichen Grundlage, und trotzdem zeigt die Erfahrung, dass er (mit einigen, meist rassebedingten, zeitlichen Abstrichen) der Wahrheit entspricht.

Heutzutage können viele Menschen nicht mehr in Würde altern, weil alt werden in unser heutiges Weltbild von Schönheit, Fitness und ellbogengeprägtem Karrieredenken nicht mehr hineinpasst. Während wir Menschen viele Symptome des Älterwerdens sowohl kosmetisch als auch operativ kaschieren können, hat der Hund diese Möglichkeiten nicht – und würde man ihn fragen, ob er sie haben wollte, würde er wohl mit »Nein« antworten.

Falten, graues Haar und langsamere Bewegungen sind Zeichen eines Lebens, das die Jugend genossen, das Erwachsensein erfahren und das Älterwerden erlebt hat. Was bitte soll daran so falsch sein, dass man es nicht zeigen darf?

7.1 Weisheit des Alters

Nicht nur der ältere Herr mit schlohweißem Haar ist ein Sinnbild für Erfahrungen, nein, auch unser alter Hund mit grauem Bart wirkt bedächtig und weise.

Der alte Hund teilt mit uns viele seiner Erinnerungen; vor allem wenn wir mit ihm – nun etwas langsamer als früher – altbekannte Wege miteinander gehen, alte Freunde – und Feinde – treffen, uns hinsetzen und ihm eine Stütze bieten.

Bei der Arbeit mit alten Hunden fällt mir immer besonders auf, wie gezielt sie abwägen, bevor sie Entscheidungen treffen. Die Impulsivität geht stark zurück zugunsten sinnvollen Handelns beziehungsweise Nicht-Handelns. Das heißt aber nicht, dass alte Hunde ihren Charakter aufgeben, es heißt nur, dass sie physische und psychische Ressourcen überlegt nutzen.

Ein heißer Sommertag 2007

Ich gehe mit Blacky und Enriko spazieren. Während Enriko – wie viele Doggen die ich kenne – Wasser gerne trinkt und zum Planschen benutzt, niemals jedoch zum Schwimmen, ist Blacky ganz versessen darauf, sich nicht nur durch Schwimmen fit zu halten, sondern auch zu tauchen, um irgendwelche besonders schön geformten Steine jedweder Größe vom Grunde des Main-Donau-Kanals oder der alten Altmühl hochzuholen. Mit diesen Steinen im Maul läuft er ein wenig am Ufer entlang, um sich dann im Gras abzulegen, den Stein genau anzuschauen, ihn einer kurzen Geschmacksprobe zu unterziehen und ihn dann liegen zu lassen. Wie viele Menschen mögen sich schon gefragt haben, wo ständig diese weißen Steine am Wegesrand im Gras wohl hergekommen seien. Jetzt haben sie die Erklärung dazu!

Mir ist aufgefallen, das Blacky im Alter vor dem Abtauchen durch Tasten mit den Pfoten überprüft, welchen Stein er hochholt, sodass der körperliche Aufwand möglichst gering bleibt. Die Größe der Steine, die durchaus ein paar Kilo wiegen, bleibt jedoch gleich.

Die Schwimmrunden sind jetzt nicht mehr von überbordender Freude und verschwenderischem Kraftaufwand geprägt, sondern sie dienen der Abkühlung und der leichten Bewegung.

Wir treffen einen anderen Hund, der mit Enriko zu spielen beginnt; Blacky hingegen geht ein paar Schritte mit den beiden mit, beschnüffelt den Fremden und legt sich dann in den Schatten, um dem Treiben der beiden anderen zuzusehen. Ich merke, dass ihm das Toben nicht abgeht, sondern dass er mit dem überlegenen Gesichtsausdruck des Älteren das Spiel der beiden auf sich wirken lässt.

Beim Weitergehen verfällt Blacky wieder in seinen unvergleichlichen »Wolfstrab«, den ich an ihm so liebe und der diesen Hund so überlegen macht. Manchmal sehe ich, dass er an den Hinterläufen ein wenig an Leichtfüßigkeit verloren hat.

Trainieren mit alten Hunden macht sehr viel Freude, denn sie machen fast immer alles richtig, sind sehr konzentriert und zeigen ohne Aggression auf eine irgendwie »unnahbare« Art, wenn ihnen etwas zu viel wird.

7.2 Veränderungen

Der Übergang vom erwachsenen zum alten Hund verläuft meist schleichend, sodass man oft erst rückblickend die Zeichen der Zeit erkennt.

Futtergewohnheiten verändern sich, aus gierigen Fressern werden manchmal sanfte Genießer, aus Sportskanonen werden Zuschauer, Choleriker fahren herunter und sogar Wichtigtuer werden gelassener. Das Hineinspringen und Aussteigen aus dem Auto wird wesentlich überlegter durchgeführt, während der Spaziergänge wird ausgiebiger geschnüffelt, die Strecken werden langsam reduziert. Da wir das Verhalten täglich mehrfach miterleben, fallen uns diese Veränderungen erst dann auf, wenn sie gravierend in unsere Abläufe einschneiden. Beispiele:

- Während des Spaziergangs legt sich ihr Hund in den Schatten und möchte nicht mehr weitergehen.
- Bestimmte Stellen, die ihr Hund immer besucht hat, werden nun ausgelassen.
- Ein früher aufgeregtes Bellen weicht plötzlich einem kurzen Brummeln.
- Die Freude vor dem Spaziergang äußert sich nicht mehr überschwänglich durch Rutenwedeln bis zu den Schultern.
- Manche Spaziergänge wollen erst gar nicht angetreten werden.
- Die Temperaturempfindlichkeit erhöht sich in beide Richtungen – Kaltes wird kälter und Warmes wärmer empfunden.

Mittwoch, 28. Mai 2008

Der ungewöhnlich heiße Mai zeigt sich an diesem Tag von seiner besten Seite. Um 17.00 Uhr beginnt die sogenannte »Mittwochsstunde«, eine Trainingsstunde für alle Hunde, die schon einen Grundkurs absolviert haben, und in der es um Unterordnung, aber auch um Spiel geht. Enriko und Blacky sind dabei; Blacky vor allem, damit er in der Trainingszeit baden und sich abkühlen kann. Ich merke schon seit ein paar Tagen, dass ihm, der sich sonst noch bei 35° im Schatten in die pralle Sonne gelegt hat, nun Temperaturen jenseits der 25° Grenze zu schaffen machen. Normalerweise tragen unsere Hunde bei heißen Temperaturen einen Kühlmantel; da heute aber Baden angesagt ist, haben wir darauf verzichtet. Heute ist allerdings der erste Tag, an dem Blacky nur mit den Pfoten im Wasser steht und nicht mehr schwimmt. Den leichten Abhang vom Ufer zu mir herauf schafft er nicht mehr; er bricht schwer hechelnd zusammen und er sieht mich traurig an. Ich stürze hinunter zu ihm, hebe ihn hoch und lege ihn sofort ins Auto, bitte meine »Hundler« sich mit ihren Hunden zu beschäftigen, lasse Enriko einsteigen und fahre eilig nach

Hause. Zusammen mit meiner Frau tragen wir Blacky in den Keller, legen ihn ab und bedecken ihn mit nassen Handtüchern, bis er nach etwa einer halben Stunde abgekühlt und beinahe fit wie immer aufsteht, sich schüttelt und mich ansieht, als wollte er fragen: »Können wir jetzt wieder zu den anderen fahren?«

Ich fahre alleine wieder auf den Hundeplatz, um die Trainingsstunde zu beenden. Dieser Tag leitete einen neuen – und letzten – Abschnitt in Blackys Leben ein.

Es muss natürlich nicht immer sein, dass Veränderungen Ihnen gleich so drastisch präsentiert werden, wie oben beschrieben. Man sollte sich jedoch damit vertraut machen, dass Hunde Belastungen nicht dauernd und in gleicher Intensität aushalten können und sie zudem wesentlich schneller altern als wir.

Nehmen wir also Rücksicht! Wenn man die altbekannte Regel zugrunde legt, dass ein Hundelebensjahr sieben Menschenjahren entspricht (was rasse- und größenbedingt variiert), so wären wir bei einem zehn Jahre alten Hund also bei einem Menschenalter von 70 Jahren. Und nun meine Frage an Sie:

Würden Sie ihren Opa noch dreimal täglich über die Waldkampfbahn[26] jagen?

Nein?

Warum machen Sie es dann mit ihrem Border Collie?

Oder gehören Sie als Leser dieses Buches zu den Menschen, die es zu schätzen wissen, dass sie über Jahre von ihrem Hund begleitet wurden, und die ihn nun auch sein Alter genießen lassen?

Dann sind Sie auf dem richtigen Weg!

Nun können Sie all das zurückgeben, was Sie über die Jahre erhalten haben: Treue, Geborgenheit, Schutz, Freude, Rückhalt, Aufmunterung; einen ganzen Sack voll Geschenke, die Ihr alter Hund mit Freuden annehmen wird!

Es ist nun auch an der Zeit, das Futter Ihres Hundes einer Prüfung zu unterziehen. Der alte Hund hat einen anderen Energiebedarf als ein junger, Fette werden nicht mehr so schnell abgebaut, Kohlenhydrate weniger verbrannt, als in Fett umgewandelt, und manche Inhaltsstoffe nicht mehr so gut vertragen. Außerdem sind die inneren Organe nicht mehr so leistungsfähig wie gewohnt, und deshalb müssen wir auch hier Entlastung schaffen. Leber, Herz und Nieren sollen noch eine Weile ihre Tätigkeit aufrecht erhalten, also unterstützen wir unseren Hund auch dabei!

[26] Die Waldkampfbahn ist ein Parcours, auf dem Soldaten ihre Leistungsfähigkeit, Geschicklichkeit und Geschwindigkeit beweisen müssen. »Agility« für Menschen also …

7.3 Beginnende Traurigkeit

Es ist nicht gemeint, dass Sie ab jetzt nur noch heulend mit ihrem alten Hund durchs Leben gehen sollen, sondern dass Sie damit rechnen müssen, dass die vorher beschriebenen Veränderungen Sie vorbereiten auf einen Weg, den Sie hoffentlich noch lange mit Ihrem Hund gehen können, an dessen Ende aber immer der Verlust Ihres geliebten Tieres steht.

Die folgenden Zeilen sollen Ihnen Hilfe geben, Mut machen und noch zu Lebzeiten Erinnerungen an Ihren Hund wecken, damit Sie sie wirklich nie vergessen.

Manchmal, wenn ich sah, dass Blacky sein »wölfisches« Verhalten nicht mehr so zeigen konnte, wie er es jahrelang getan hatte, trieb es mir die Tränen in die Augen; wusste ich doch, dass dies auch nie wieder so sein würde. Was meine ich mit »wölfischem Verhalten«?

Das ging so: Wir gingen spazieren, die Hunde liefen frei und die beiden Doggen waren immer zu sehen, während Blacky weg war. »Weg« heißt nicht, dass er weggelaufen wäre, es heißt, er war nicht sichtbar, häufig nicht mal hörbar. Oft fragte ich meine Frau: »Wo ist Blacky?«, und sie antwortete mir: »Gerade war er da vorne rechts!« – was dann meistens bedeutete, er kam von hinten links und überholte uns lautlos, um gleich wieder in irgendeinem Gebüsch entlang der Altmühl zu verschwinden. Seine Bewegungen waren immer extrem fließend und seine Geschwindigkeit blieb im Freilauf immer gleich: Es war ein langsamer, gleichbleibender Trab, der ihn kilometerweit ohne sichtliche Erschöpfung laufen ließ. Und so war er immer in unserer Nähe, mal vorne mal hinten, mal unsichtbar neben uns – wir wussten immer: Blacky ist da.

Wenn man ihn rief, dann stand er natürlich sofort »Gewehr bei Fuß«, und zu diesem Zweck beschleunigte er dann auch gewaltig. Er erreichte Geschwindigkeiten bis zu 40 km/h. Das habe ich gemessen, indem ich (nicht nachmachen!) ihn neben meinem Wagen herlaufen ließ, dabei beschleunigte, und ihn zu mir rief. Ich konnte das nur machen, weil ich mit ihm lange trainiert hatte, neben dem linken Seitenfenster bei Fuß zu gehen, sodass keine Gefahr bestand, dass er mir ins Auto lief. Dasselbe Training führte ich übrigens auch noch mit Enriko durch, und da fielen mir beinahe die Augen heraus, als ich mit ihm die Ein-Kilometer-Strecke gefahren bin: Bis etwa 45 km/h rannte er neben mir; als ich weiter Gas gab, bot sich mir ein Bild, das ich nie wieder vergessen werde. Er wurde mit einem Ruck länger, flacher und sehniger und beschleunigte auf knapp über 60 km/h!!!

Aber nun zurück zu Blacky.

Von einem Tag auf den anderen, so als würde ein Schalter umgelegt, war er plötzlich immer neben mir, höchstens fünf Schritte weg, und sein wundervoller Trab wich einem langsamen, oft spürbar traurigen Gang, mit hängendem Kopf. Das Herumstreifen in den Büschen und rund um die Bäume, der Sprung ins kühlende Wasser, das plötzliche Auftauchen 20 Meter vor uns mit wedelnder Rute und einem »Grinsen« im Gesicht, alles war wie weggeblasen.

Das war der Moment, als er auch nicht mehr alleine in den Wagen steigen konnte, sondern über die Rampe laufen musste, was er zutiefst verabscheute. Oft hob ich ihn dann hinein, das war ihm dann lieber.

Und: Aus dem ehemals 40 kg Kraftpaket war nun ein schlanker, alter Hund geworden, der nur noch knapp 30 Kilo wog, der an Muskelmasse verloren hatte und den das Alter leicht gemacht hatte. Sein Bart war grau geworden, die Pfotenspitzen ebenso und das schwarze glänzende Fell war nun einem pigmentarmen Schwarzbraun gewichen.

Mir schwante Trauriges: Er näherte sich dem Zustand, in dem er sich befand, als ich ihn vor über 10 Jahren bekommen hatte.

Während ich die Doggen »bespaßen« musste, lag er ganz ruhig abseits und sah zu. Gott sei Dank konnten sich die beiden Großen auch ganz gut mit sich selbst geschäftigen, sodass ich mich um den alten Herrn kümmern konnte.

Ich genoss diese Zeiten, bis zu dem Punkt, als Blacky sich nicht mehr alleine auf den Beinen halten konnte und in den Hinterläufen immer wieder einknickte und umfiel. Niemals vergesse ich seinen Blick, der mich traf, als er beim Kotabsetzen rückwärts in seine eigenen Exkremente fiel. Das war für ihn so schlimm, dass ich von da an versuchte, ihn bei seinem »Geschäft« immer zu halten, was er allerdings nicht mochte, und sich verkroch, um in irgendeinem Gebüsch seine Tätigkeiten mehr schlecht als recht zu verrichten.

Ich wusste, dass nun bald auch unser letztes gemeinsames Kapitel zu Ende gehen würde – und ich sage Ihnen, das tat sehr, sehr weh und das tut es heute noch.

Wenn es Sie auch einmal treffen sollte, dann denken Sie bitte daran, dass Hunde sehr sensibel auf Gefühlsübertragungen reagieren. Ich merkte, dass Blacky sichtlich zusammensank, wenn ich traurig war, dass er aber wieder »auflebte«, wenn man ihm aufmunternd zusprach, und diese aufmunternden Worte auch selber glaubte!

8. Sterben, Tod und Trauer

Der Tod gehört zum Leben dazu«, sagte meine Oma immer. Dieser Spruch war für mich immer Anlass zum Grinsen; war der Tod doch so weit weg! Und Gott sei Dank musste ich auch keinen Sterbeprozess aktiv miterleben. Ich hatte in meinem Leben drei Hunde verloren, zu einer Zeit als ich noch bei meinen Eltern wohnte, und bei allen war ich aufgrund jugendlicher oder beruflicher Umstände nicht dabei, als sie starben.

Im Herbst 2008 spürte ich, dass sich das nun gravierend ändern würde. Ich wusste nun aber auch, dass ich – nicht mehr der Jüngste und mit vielen Erfahrungen gesegnet – meinen Hund niemals alleine lassen würde, wenn er stirbt. Dass alles, was nun kam, viel schlimmer war, als ich je geglaubt hatte, konnte ich nicht ahnen.

Die Erlebnisse, die ich im folgenden Kapitel schildere, haben mir aber auch wieder einmal die Augen dahingehend geöffnet, dass viele Menschen, die uns glauben machen wollen, sie würden alles für Ihren Hund tun, im Innersten nur an sich selbst denken; nicht aber an ihren Hund – wie so oft geht es wieder einmal nur um u n s und trotz aller Beteuerungen nicht um den jahrelangen, treuen Begleiter …

8.1 Lass mich gehen

Unser alter Herr, Blacky, war wieder ein Stück dünner geworden, die Augen trüber, der Gang schwerfälliger, und wenige Meter zu gehen, war schon eine Qual für ihn. Ich trug ihn jede Stufe, ließ ihn auf seinen Lieblingsplätzen liegen, ohne ihn zu stören, manchmal musste ich beim Fressen seinen Po halten, damit er nicht zur Seite kippte.

So wie er sich nun durch das Leben schleppte, hatte er nicht mehr viel Freude. In unseren Augen allerdings noch immer so viel, dass er nicht sterben konnte. Sein Herz war trotz des Altersschadens und der Tabletten, die er nehmen musste, noch zu stark, um nicht mehr zu schlagen, und sein Atem ging schwer, aber noch flüssig.

Wenn wir draußen waren und er seine Nase in den Wind steckte, dann war sein Blick allerdings schon in ganz weite Ferne gerichtet; er nahm mich dann oft nicht mehr wahr.

In diesen Momenten sagte er mir: »Lass' mich gehen!«, und doch ließen ich, wir, ihn nicht.

Wir wünschten uns, er könne von alleine einen Tod des Alters sterben, aber mit jedem Tag wurde uns klarer, dass wir die Verpflichtung, ihn von allen Schmerzen – physischer und psychischer Natur – zu erlösen, wohl erfüllen mussten.

Und nie, niemals war der richtige Augenblick da, den Schritt zu wagen, der bedeutete zu sterben. Jeder flehende Blick, jedes Kippen der Beine hatte den Anschein, als wollte Blacky es noch einmal versuchen, aber heute weiß ich, wir haben viel hineininterpretiert, was wir sehen wollten.

Irgendwann sagte dann meine Frau, die mit einem besonderen Gespür für solche Situationen gesegnet ist: »Er will gehen – lassen wir ihn.«

8.2 Ich lass dich gehen

Wie fühlt man sich, wenn man für ein geliebtes Wesen eine Entscheidung trifft, die endgültig ist?

Wie ein Verräter, ein hinterhältiger Bandit, ein verantwortungsvoller Freund, ein beschützender Vater, der das Leid nicht mehr sehen kann, machtlos. Jede Sekunde ist der Gedanke da, man müsste doch noch was machen können! Dann wieder das Bild des dahinkriechenden Hundes, der nicht mehr richtig stehen kann, die unendliche Traurigkeit in seinen Blicken – es ist grausam.

Donnerstag, 16. Oktober 2008

Der sonnige Oktobertag beginnt friedlich und das sanfte Sonnenlicht begleitet uns den ganzen Tag. Wir haben mit unserem Tierarzt und Freund gesprochen, und mit ihm vereinbart, dass er heute Abend zu uns kommt und Blacky hilft, den Weg über die Regenbogenbrücke zu gehen. Wir versuchen, ihm den Tag noch so schön, wie möglich zu machen; aber er mag nicht mal mehr fressen – und das war eine große Leidenschaft von ihm! Wir spüren, er möchte nur noch liegen und seine Ruhe haben. Wir geben sie ihm!

Den ganzen Tag liegt er, bewegt sich nur widerwillig und – so ist mein Eindruck noch heute – bereitet sich vor.

Am Abend kommt der Tierarzt, Blacky kennt ihn und begrüßt ihn sanft. Meine Frau hat im Wintergarten eine Atmosphäre geschaffen, die es dem Hund genauso wie uns leichter machen soll, die schweren Minuten zu überstehen.

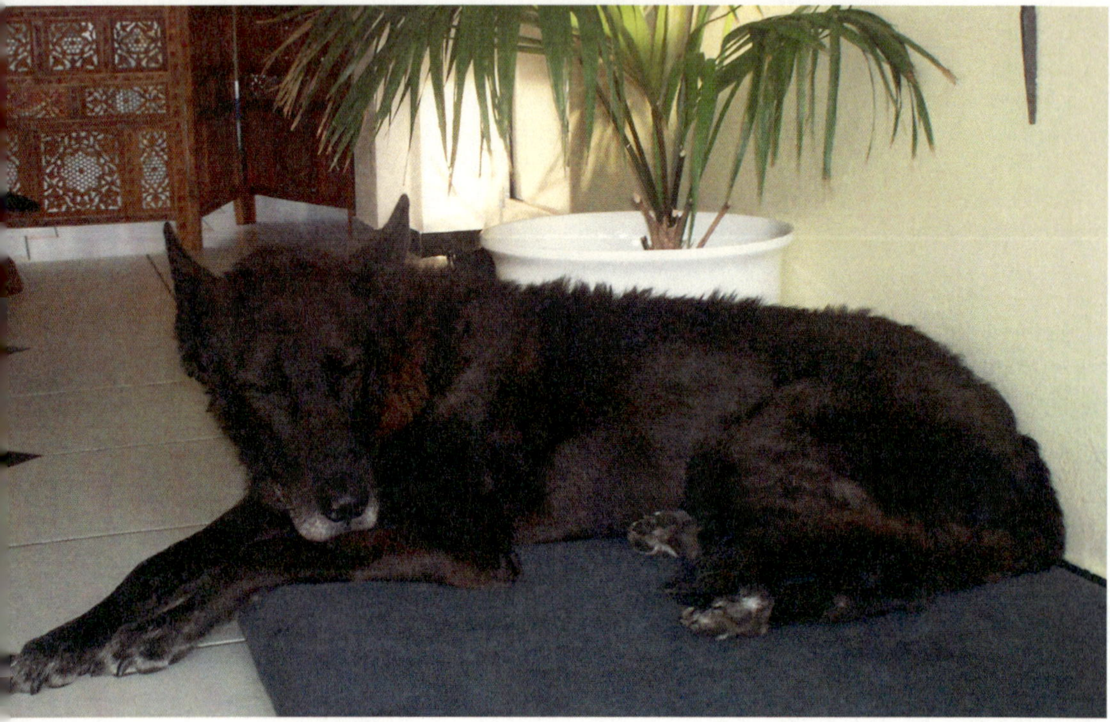

Unser Blacky am Morgen seines Todes

Ganz sanft nehmen wir ihn auf unser beider Schoß und streicheln ihn. Blacky entspannt sich, sieht uns und vor allem meine Frau noch mit einem durchdringenden Blick an, weiß, was kommt und verabschiedet sich, gibt sich ganz in unsere Hand, bewegt sich nicht, atmet ganz ruhig, quittiert streichelnde Hände mit einem »ankuscheln«, spürt die Spritze nicht, und wir spüren, wie er von uns geht, das Atmen aufhört und in unseren Armen liegt.

Wir legen ihn ganz sanft ab; der Tierarzt ist schon schweigend gegangen, und wir lassen die beiden Doggen zu Blacky, damit auch sie Abschied nehmen können.

Die Reaktionen der beiden können unterschiedlicher nicht sein:

Enriko, der erwachsene Rüde, beschnüffelt ihn kurz und verlässt gemessenen Schrittes den Raum. Nicky geht ganz vorsichtig zu Blacky hin, rümpft einmal die Nase und springt wie von der Tarantel gestochen rückwärts aus dem Wintergarten, läuft ins Wohnzimmer auf ihre Matte und zieht sich zurück.

Nachts gegen zwölf trage ich Blacky ins Auto, und wir fahren zu einem Bestattungsinstitut für Tiere, wo wir ihn zurücklassen müssen, bis er kremiert ist und wir seine Urne bekommen.

Einige Tage später haben wir ihn wieder bei uns und die Urne hat einen Ehrenplatz.

Mein treuer Freund, wir haben dich gehen lassen, und du weißt, wie schwer es uns gefallen ist.

Ihnen, lieber Hundefreund lege ich eines ans Herz:

Flüchten Sie nicht! Lassen Sie Ihren Hund in seinen letzten Stunden und Minuten nicht alleine! Hat er Sie alleine gelassen?

Gehen Sie jeden noch so schweren Weg mit ihm und erweisen Sie ihm die Ehre, die ihm gebührt! Und wenn Ihr Vierbeiner euthanasiert werden muss, dann haben Sie die ehrenvolle Pflicht, ihm auch in dieser Situation zur Seite zu stehen! Denken Sie vielleicht auch daran, ihm für die letzten Minuten mit Ihnen eine Umgebung zu schaffen, die außerhalb der Sterilität einer Tierarztpraxis oder Tierklinik liegt!

Und wenn Sie das, was ich oben beschrieben habe, nicht können oder wollen, dann erzählen Sie wenigstens bitte nicht weiter herum, dass Sie für Ihren Hund »alles tun würden« …

8.3 Tränen über Tränen – Weine und trauere, solange du es brauchst!

Bis hierher schritt das Leben so fort, wie es nun mal seinen Gang geht. Allerdings treffen uns manchmal Schläge, mit denen wir überhaupt nicht rechnen und auf die wir uns nicht in unseren schlimmsten Träumen vorbereiten können.

Auch das auszuhalten, war wohl meiner Frau und mir vorbestimmt.

Wie schon erwähnt, war Enriko unsere erste Deutsche Dogge und mit einem Wesen beglückt, das man nicht in wenigen Worten beschreiben kann.

Er war groß und mächtig, sein Herz riesig und seine Seele ohne Fehl und Tadel. Man musste diesen Hund niemals schimpfen! Kein Mensch weiß wieso, aber es war so. Manchmal hatte man das Gefühl, er konnte Gedanken lesen. Er gab so viel, dass man es ihm unmöglich zurückgeben konnte.

Fast alles, was ich in diesem Buch über liebevolle Hundeerziehung schreibe, hat er mir beigebracht! Das geht ja gar nicht, sagen Sie – oh doch, das geht sogar ganz wunderbar! Dieser riesige Kerl hat mir jede Launenhaftigkeit genommen, hat mir gezeigt, was Gerechtigkeit ist, war selbst so konsequent, dass man es ihm gut abschauen konnte, und seine soziale Intelligenz war der eines echten Alphatieres angemessen. Und wissen Sie, was das Beste dabei war?

Das, was ich hier schreibe, ist keine Verklärung eines toten Hundes, sondern es war wirklich so!

Und wenn wir nicht mehr wussten, wie eine wundervolle Seele aussieht, dann mussten wir Enriko nur tief in die Augen schauen …

Donnerstag, 18 November 2010

Ein wundervoll sonniger Herbsttag mit 20° Temperatur; übrigens der letzte warme Tag des Jahres 2010.

Wir sind zu einem Erziehungstermin mit einer Kundschaft verabredet. Um vor dem Training noch ein bisschen zu entspannen, wollen wir gemeinsam erst noch einen kleinen Spaziergang machen.

Ich öffne die Hecktüre meines Wagens, schmuse mit den beiden Riesen, die ihre Köpfe schon herausstrecken, und lege ihnen nacheinander die Geschirre an.

Wie immer nimmt meine Frau Ihren »Bubi« an die Leine, während ich Nicky führe.

Wir gehen einen kleinen Feldweg entlang und wollen in 50 Metern die Hunde frei laufen lassen, damit sie sich vor dem Stadtspaziergang noch austoben können.

Ganz vorne geht unsere Kundschaft, eine Dame mit ihrem Hund, dann ich mit Nicky und hinter mir meine Frau mit Enriko.

Fröhlich stapfen wir dahin, als ich hinter mir einen markerschütternden Schrei höre, den Enriko ausgestoßen hat, und fast zeitgleich schreit meine Frau. Ich drehe mich um, Enriko liegt am Boden, er bewegt sich noch einmal – aber ein einziger Blick in seine Augen sagt mir: ER IST TOT!!!

Nachmittags um drei Uhr starb unser Herzblut im Alter von fünf Jahren und zwei Monaten an plötzlichem Herztod (DCM).

Bitte sehen Sie mir es nach, wenn ich die genauen Umstände nicht exakt wiedergebe, das Andenken an Enriko erlaubt es mir nicht, alles Geschehene haarklein öffentlich zu machen.

Ganz ohne die Möglichkeit einer Vorbereitung, völlig überraschend, ohne jedes Vorzeichen, wurde uns das Herz herausgerissen, und machtlos blieben wir zurück. Viele Stunden hielt meine Frau Enriko in den Armen; so lange, bis der Leichnam ganz kalt war; erst am späten Abend waren wir beim Bestatter. Heute steht auch Enrikos Urne an einem speziell für ihn gestalteten Platz; eine Künstlerin aus der Region hat sich große Mühe gegeben, seine letzte Ruhestätte so zu gestalten, dass sie seinem Wesen gerecht wird.

Zuerst waren wir wie gelähmt – wir waren mit Enriko weggefahren und kamen ohne ihn nach Hause; ein grauenvolles Gefühl, noch dazu kam, dass wir so hilflos gewesen waren, nichts zu seiner Rettung tun konnten.

Er fehlte an allen Ecken und Enden, wir hörten ihn nicht mehr atmen und schnarchen, wir glaubten, ihn zu sehen, da wo er sein sollte, aber wo er nicht mehr war.

Am Tag nach seinem Tod fand ich auf dem Weg zum Hundeplatz, gerade noch rechtzeitig bei einsetzendem Regen, seinen letzten Pfotenabdruck. Ich fotografierte ihn und saß weinend davor, bis er verschwunden war.

Enrikos Pfotenabdruck

Nicky litt ebenfalls sehr unter dem Verlust; erst seit etwa vier Monaten hat sie sich wieder erholt. Sie war unruhig, manchmal sogar ängstlich, hatte sie doch ihren Führungshund und damit ihre Aufgabenstellung verloren. Ich musste ihr sehr viel Sicherheit geben und viel mit ihr arbeiten, bis sie wieder »die alte« war.
Bis heute stehen alle Futter- und Wasserschüsseln unverändert, und es brennt Tag und Nacht eine Kerze zur Erinnerung an den einen unvergleichlichen, der uns gezeigt hat, dass Hunde es verdienen, von uns umsorgt, gepflegt und gehütet zu werden.

Wir trauern noch immer, viele Monate nach seinem Tod, um ihn, und immer wieder fließen Tränen. Wir wissen, dass es nie wieder einen wie ihn geben wird – und das ist auch gut so. Auf diese Weise bleibt uns seine Einzigartigkeit erhalten und ich lerne immer noch aus der Erinnerung an ihn. Manchmal denke ich, dass ich die Jahre vor Enriko gar nichts über Hunde wusste, obwohl ich bis dahin schon über ein halbes Jahrzehnt meine Hundeschule mit Erfolg hauptberuflich betrieben hatte.

Viele Menschen fragten uns schon sehr bald, ob wir nun wieder einen zweiten Hund haben wollten.

Alle bekamen die gleiche Antwort, nämlich, dass wir erst mal gar nicht daran denken würden. Und so ist es auch heute noch und wird auch so bleiben, solange die Trauer um Enriko so tief sitzt und die Erinnerung an ihn so nah und frisch ist – und das kann Jahre dauern.

Das ist auch die Quintessenz dieses Kapitels:

Tränen über Tränen – Weine und trauere, solange du es brauchst!

Wir müssen uns gar nicht von anderen Menschen einreden lassen, dass es das Beste für uns sei, so schnell wie möglich wieder einen (anderen) Hund zu haben.

Für den einen ist es so, dass er seine Trauer nur überwinden kann, wenn er ganz schnell wieder einen Hund hat, für den anderen jedoch kann der Gedanke daran schon verstärkte Trauer auslösen.

Jeder muss für sich selbst entscheiden, wie er mit dieser Trauer umgeht – es ist nicht viel anders als beim Tod eines Menschen; auch hier ist die Trauerarbeit unterschiedlich. Vergleichen kann man die beiden Situationen sehr gut, da nämlich die Trauer an sich, also das Gefühl, die Empfindung, die man dabei hat, die gleiche ist.

Für mich war es sehr wichtig, dass ich Nicky hatte, die ich umsorgen konnte und die mir viel Druck wegnahm – ich bin ihr sehr, sehr dankbar dafür.

Manchmal glaube ich, Enriko hat ihr ein Vermächtnis hinterlassen – so herrlich wie sich diese süße Maus entwickelt. Sie beginnt nun, mit drei Jahren viele Eigenschaften zu zeigen, derer sich Enriko rühmen konnte, und trotzdem ist sie ganz anders!

8.4 Ich bin bei dir!

Lieber Enriko, ich schreibe hier stellvertretend für uns drei – deine »Mama«, Nicky und mich.

Du hast uns in fünf unvergleichlichen, aber viel zu kurzen Jahren das Herz geöffnet und uns gezeigt, wie man mit so einem offenen Herzen umgeht. Du hast mir beigebracht, »hinter die Kulissen« zu schauen und Ursachen zu finden, für die viele andere blind sind. Von dir haben wir gelernt, dass der Schein trügen kann und dass erst ein genaues »Hineinfühlen« in das andere Wesen es erlaubt, Urteile zu fällen.

Du hast uns Tag und Nacht und an jedem Ort, an dem wir miteinander waren, beschützt – zum einen durch deine bestechende Größe[27], zum anderen durch dein einnehmendes Wesen, das alle Menschen, die näher an uns herankamen, sofort faszinierte und in Beschlag nahm.

Dein immer überlegtes Handeln war zum Maßstab für unser eigenes Tun geworden – und siehe da, es war gut.

Deine sanften Augen haben auch uns milde gestimmt, wenn wir untereinander einmal Streit hatten, und nicht nur wir durften dann in ihnen versinken.

Deine Mimik hat uns oft zum Lachen und dir jede Menge Extra-Leckerlis gebracht; wir werden deine vorgeschobene Unterlippe beim Warten auf den Frühstückskäse nie vergessen!

Du hast mir so manches Mal bei der Erziehung und Ausbildung anderer Hunde geholfen, ohne deine Zähne einzusetzen, sondern nur unter Verwendung deiner beeindruckenden 75 Kilo.

Tja – und kaputt gemacht hast du gar nichts, mit Ausnahme eines Hundesport-Tunnels, durch den du in Erinnerung an deine Welpenzeit unbedingt hindurchmusstest, der allerdings nicht für deine Größe gedacht war. Na, ja, du bist dann einfach aufgestanden und hast ihn gesprengt …

Was noch soll ich an dieser Stelle sagen? Dass ein Buch alleine nicht reichen würde, um dich allumfänglich zu beschreiben? Dass es schade ist, dass es von dir so gut wie keine bewegten Bilder gibt? Dass wir dir unendlich dankbar dafür sind, dass wir dich für einen Augenschlag bei uns aufnehmen durften? Dass keine Träne zu viel für dich geweint wird?

Nein, ich sage dir nur zwei Sätze:

Ich bin bei dir!

Und: … dein ist mein ganzes Herz!

[27] Enriko hatte eine Widerrist-Höhe von 96 cm

9. Weisheiten

Zu guter Letzt möchte ich es nicht versäumen, Ihnen ein paar Weisheiten mitzugeben für diejenigen Hundebesitzer, die nicht so mit ihrem Tier verbunden sind wie Sie, lieber Leser:

Wer nicht bei jedem Sauwetter mit seinem Hund ordentlich Gassi gehen mag, der soll sich lieber einen [28] kaufen.

Wer seinen Hund nicht artgerecht ernährt, sondern nur mit Billigfutter vollstopft, der soll sich lieber einen  kaufen.

Wer sich zu schade ist, den Kot seines Hundes aufzuheben und zu entsorgen, der soll sich lieber einen  kaufen.

Wer am Tierarztbesuch spart, der soll sich lieber einen  kaufen.

Wer seinen Hund schlägt, nur im Zwinger hält oder gar anbindet, der soll sich lieber einen  kaufen.

Wer Würge-, Stachel- oder Stromhalsbänder benutzt, der soll sich lieber einen  kaufen.

Wer seinen Hund nur als Sportgerät betrachtet, der soll sich lieber einen  kaufen.

Wer seinen Hund nicht anständig erziehen will, der soll sich lieber einen  kaufen.

Wer seinem Hund ein Gefühlsleben abspricht, der soll sich lieber einen  kaufen.

Ich wünsche Ihnen und Ihrem Hund ein erfülltes und vor allem liebevolles Leben und ich bedanke mich dafür, dass Sie dieses Buch gelesen haben.

[28] © Meltem M M/pixelio.de, lizenzfrei